SDGs時代の食・環境問題入門

吉積巳貴・島田幸司・
天野耕二・吉川直樹 著

昭和堂

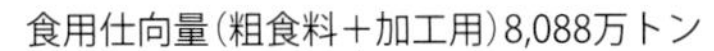

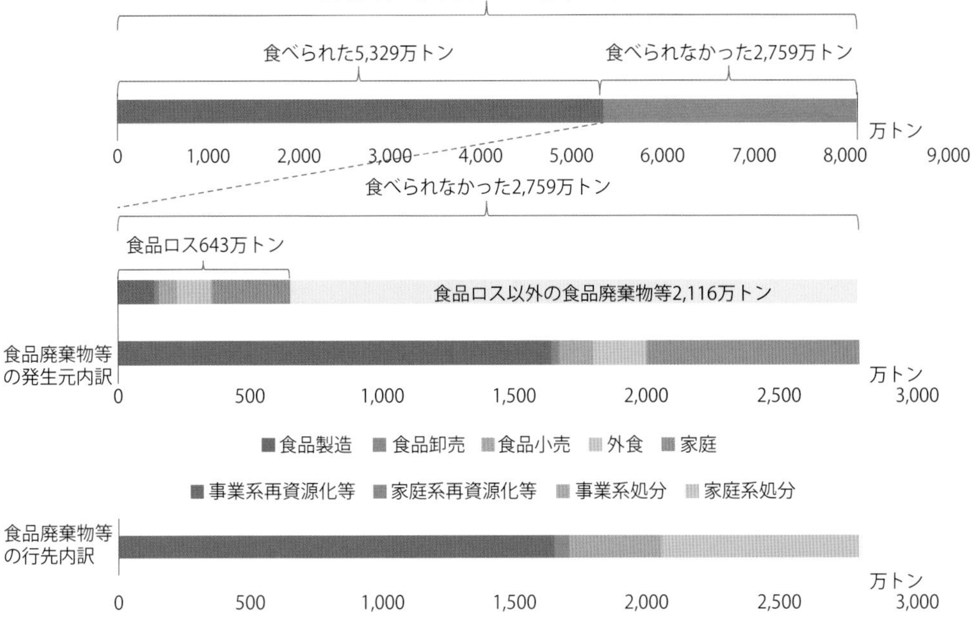

巻頭図１　食べられた食品と食べられなかった食品の量と内訳

出所：環境省および農林水産省の報告書より筆者作成。

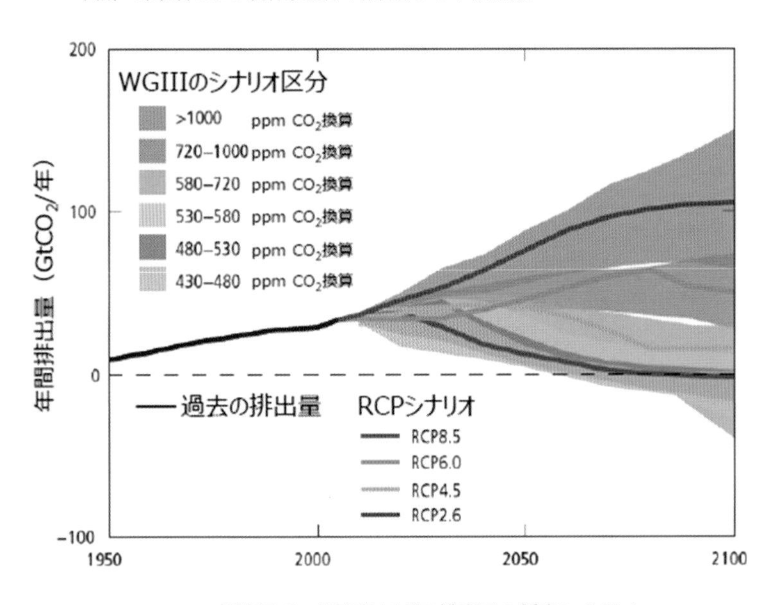

巻頭図２　温室効果ガス排出量の将来シナリオ

出所：IPCC 第５次評価報告書の概要（統合報告書）（2015 年３月版環境省）。

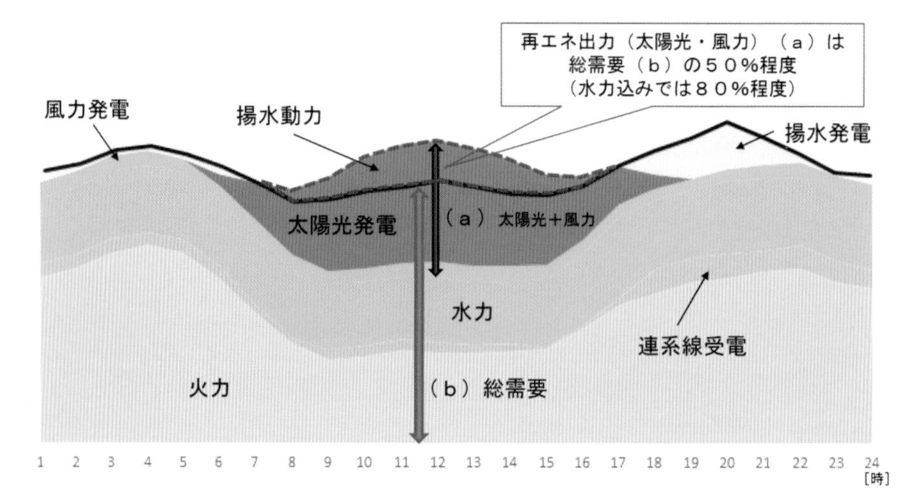

巻頭図３　2019 年ゴールデンウィークの電力需給バランス（北海道電力管内）

出所：北海道電力発表資料（2019 年 7 月 22 日）。

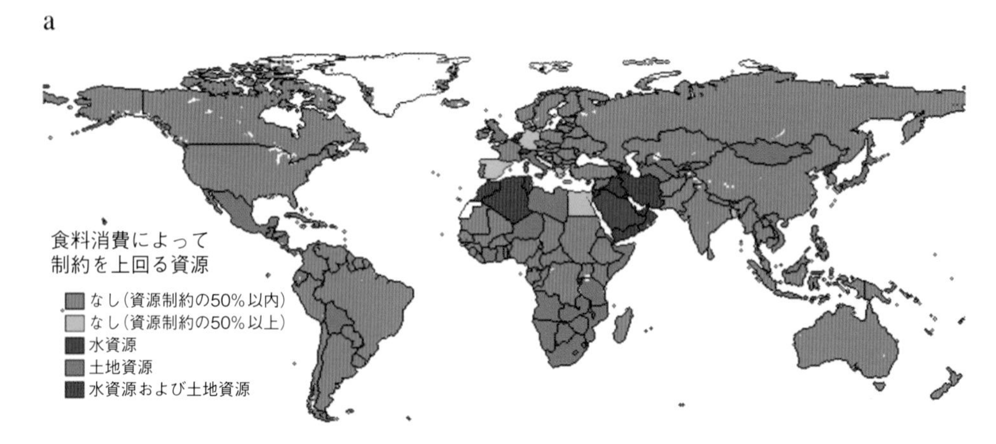

巻頭図４　各国で食料自給を行うと仮定した場合に生じる資源の制約要因（2000 年）

出所：Fader ら（2013）。

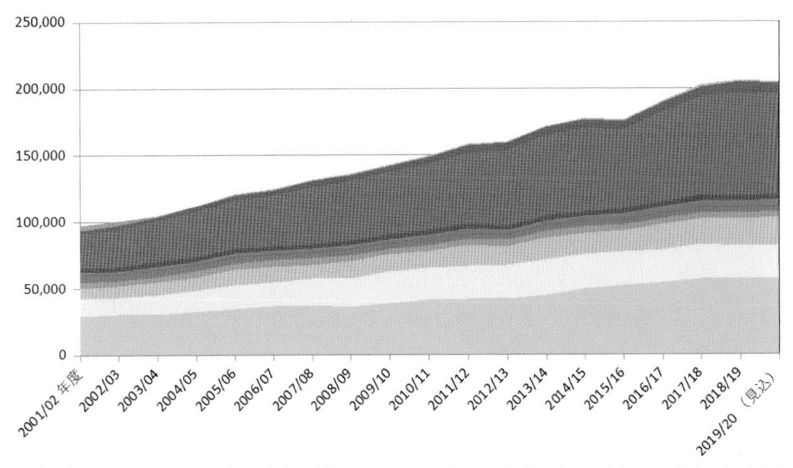

巻頭図５　主な植物油の生産量の推移

出所：一般社団法人日本植物油協会　https://www.oil.or.jp/kiso/seisan/seisan02_01.html

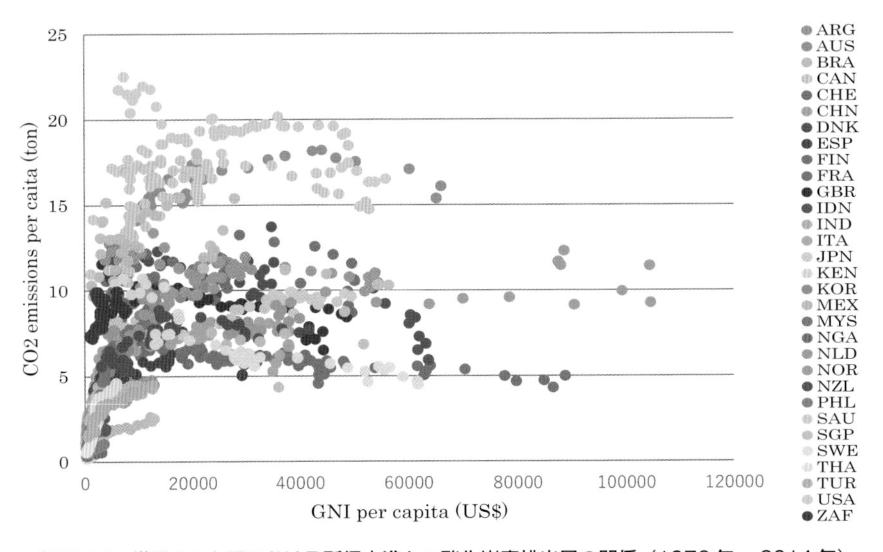

巻頭図６　世界 31 カ国における所得水準と二酸化炭素排出量の関係（1972 年〜 2014 年）

出所：各国の１人当たり国内総所得（GNI）および二酸化炭素（CO_2）排出量は、World Development Indicator（世界銀行）より入手し、各国の時系列グラフを筆者作成。

注：対象とした 31 カ国は、上記データが 1972 年〜 2014 年に入手可能な国である。具体的には、アルゼンチン（ARG）、オーストラリア（AUS）、ブラジル（BRA）、カナダ（CAN）、スイス（CHE）、中国（CHN）、デンマーク（DNK）、スペイン（ESP）, フィンランド（FIN）、フランス（FRA）、英国（GBR）、インドネシア（IDN）、インド（IND）、イタリア（ITA）、日本（JPN）、ケニア（KEN）、韓国（KOR）、メキシコ（MEX）、マレーシア（MYS）、ナイジェリア（NGA）、オランダ（NLD）、ノルウェー（NOR）、ニュージーランド（NZL）、フィリピン（PHL）、サウジアラビア（SAU）、シンガポール（SGP）、スウェーデン（SWE）、タイ（THA）、トルコ（TUR）、米国（USA）、南アフリカ（ZAF）。

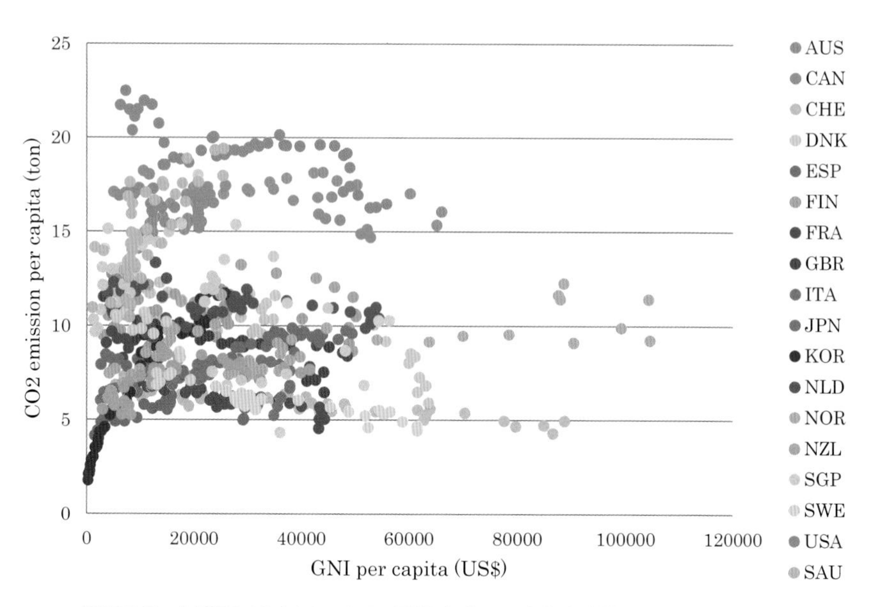

巻頭図７　先進国 18 カ国における所得水準と二酸化炭素排出量の関係（1972 年～ 2014 年）

出所・注は巻頭図６に同じ。

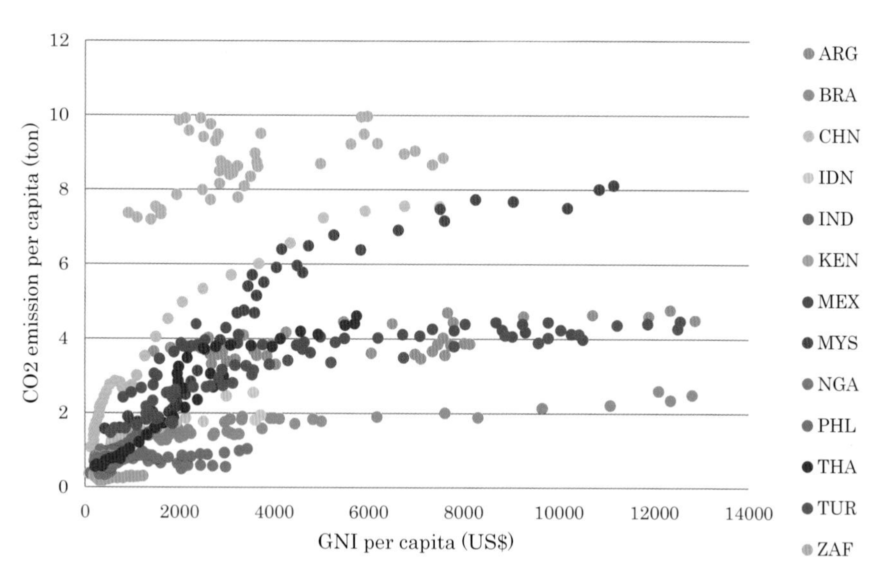

巻頭図８　開発途上国 13 カ国における所得水準と二酸化炭素排出量の関係（1972 年～ 2014 年）

出所・注は巻頭図６に同じ。

はじめに

2020年1月から世界的に広がった新型コロナ感染症の問題により、世界中の人々の生活行動が制限され、今までの暮らし方が一変することになりました。自然災害の頻発により気候変動問題への対応も急務となっている中で、生活スタイルや経済活動を早急に変化させなければならない、歴史的な転換点に我々はいるといえます。

新型コロナウイルスはコウモリから由来すると見られています。発生源においてはまだはっきりしてはいませんが、新型コロナ感染症の拡大が始まったとされるのは武漢華南海鮮卸売市場でした。今回生じた新型コロナウイルスによるパンデミックは、"食"に関係する行動を通じて、動物と人間が関わり、そして感染症として人間社会の中で広がったことが背景としてあります。新型コロナ感染症以外にも、SARS、エボラウイルス、HIVなどのウイルスによる感染症が問題になってきましたが、これらのウイルスも野生動物由来のものであり、人間が自然環境を大幅に改変し、生態系を破壊したことが原因であるといわれています。

"食"は自然環境から生産されるものですが、同時に"食"は、人と自然とをつなぐ媒体でもあり、人と自然との関わりを生む行動のきっかけを与えるものでもあります。"食"は、人が安全で健康に生きていくための栄養素だけではなく、人間の心の豊かさや欲求を満たすものでもあり、また食を通じた人とのつながりを生む媒体としても、日々の生活において人の行動に様々な影響を与えています。

人類の最初の"食"行動は狩猟採集でしたが、その時の人間の環境に対する懸案事項は、いかに持続的に食料を自然環境から確保するかでした。肉や魚などの野生動物や水資源などの取りすぎによって資源が枯渇しないように地域社会の中でルールをつくり、資源を持続させることが重要でした。日本でも古くから自然資源を地域社会で守りながら利用するルールづくりとして入会地があります。この時のように自然資源が地域社会において目に見えて管理できる範囲であれば、自然の利用をコントロールすることができました。しかしながら、交通手段や科学技術の進歩で、人間活動の範囲が拡大し、国境を越え、グローバルに人間活動の場が広がるにつれ、自然資源の利用量も拡大し、自然資源の管理が難しくなっていきます。

地球規模で環境問題が最初に議論されるきっかけとなったことの1つに「宇宙船地球号（Spaceship Earth）」という概念があります。この概念は、地球を限られた資源をもった宇宙船として例えたもので、1960年代にアメリカの建築家バックミンスター・フラーが著書で提唱し、その概念が経済学者のケネス・E・ボールディングにより経済学に導入され、学術的にも議論が展開されるようになりました。またもう一つの環境問題の関心への大きな影響は、1972年に世界の科学者、経済学者、教育者、経営者などによって構成された民間組織である「ローマクラブ」によって発表された報告書「成長の限界（The Limits to Growth）」です。この報告書の中で、このまま経済成長が続いた場合に食料生産や資源利用による環境破壊から、地球の成長は限界に達する将来予測が示されました。これらのことが背景にもなり、同年の1972年にストックホルムで開催された国連人間環境会議で地球環境問題への取組みの重要性が認識されるようになり、2015年のSDGs（Sustainable Development Goals、持続可能な開発目標）の採択に将来的につながっていきます。

現在、SDGsという単語が広く使われるようになり、日常生活の中でもSDGsのカラフルなマークを目にするようになりました。SDGsの内容はよくわからないが、なんとなく知っているという程度ではSDGsは広く普及しています。SDGsの17の目標の理解や、SDGsの取り組み事例を紹介する書籍も数多くみるようになりました。そのような中で、SDGsにおいて重要な課題である環境問題を学ぶための書籍はいくつかありますが、多くの書籍が、環境政策分野ごとに分かれているものが多く、環境学を専門に勉強する者以外にとっては、読み込むには少し難易度が高いものでした。そこで環境学を専門としない人たちが、ニュースなどで目にする環境問題や、日常で関わる"食"に関する問題への関心から、それらの問題の発生原因を理解し、日々の食行動と環境問題、そしてSDGsとの関係を総合的に学ぶためのテキストを作ることにしました。本書は、人間の生活に不可欠な「食」と「環境」を基点に、SDGs達成を阻害している「食」と「環境」に関する問題を理解し、それらの問題にどのように対応していくかを考えるための教科書として、「シリーズ　食を学ぶ」の中で出版することになりました。読者としては、大学生のみならず広く企業・官庁や非営利団体でこれらの問題に取り組む方々、さらには一般市民も想定しています。そこでできるだけ読みやすく、かつ最新情報を含む図表を多用しながら関心を深めて頂けるように工夫しました。

本書は、SDGs達成につながる「食」と「環境」に関する重要な問題を、それぞれ課題ファイルとして取り上げ、20ファイルで構成されています。各課題をわかりやすく理解するために、ファイルごとに、それぞれの問題が発生する背景や問題発生のメカニズムが説明され、その問題解決にむけて必要な政策や取り組み、そしてこれからの行動に必要なことが理解できる内容となっています。本書全体の構成として、序章ではSDGsが採択された背景とともに、そのSDGsが目指す内容について学び、第I部では、身近な問題として明らかになりつつある食品ロス問題について、第II部では、世界的に喫緊な課題として取り組む必要が生じているプラスチック問題について、第III部では、自然災害の発生で問題がより身近な問題として深刻化している気候変動問題について、第IV部では、気候変動問題がより問題を深刻化し、SDGsの重要な課題でもある食料確保に関する諸問題を理解する食の持続可能性について、第V部では、食料を提供する生物多様性の生態系サービスとしての役割や、生態系が崩れることで生じている水産資源の持続性の問題など、生態系保全と食について学び、第VI部からは、今までの問題理解をふまえて、持続可能な社会づくりに向けた暮らしや産業においてどのような仕組みをつくっていくべきかを検討し、最後の第VII部では、開発と環境をどのように両立させていくかを考えるにあたって、適切に設計された環境規制が経済パフォーマンスを向上させるという「ポーター仮説」の理解を通して、これからの持続可能な社会づくりに向けて検討する構成となっています。また各ファイルの最後に「考えてみましょう」という項目があり、個人でのさらなる学びやグループワークにおける議論として使えるように構成しています。読者の皆さまには本書の目次に沿って学びを進めていただいても結構ですし、興味・関心のある部やファイルをピックアップして読んでいただいても理解できるよう配意しています。

本書を通じて、SDGs 達成において重要な「食」と「環境」に関する問題に関する基礎となる知識を身につけていただき、それら諸問題の解決を進めるとともに、新型コロナ感染症からの経済復興をグリーンリカバリーとして取り組むきっかけの一助に本書がなれば幸いです。

2021 年 7 月吉日

著者を代表して 吉積巳貴

もくじ

File 05

漂流するプラスチックごみ
——燃やしただけではだめなのか？　53

File 06

脱プラスチックへの道のり
——どこまで減らせる？替わりはないのか？　63

第Ⅲ部　気候変動問題

第Ⅳ部　食の持続可能性

File 10
気候変動と食料供給リスク
――地球の土地資源と水資源は90億人を養えるのか？　115

File 11
植物肉・昆虫・藻類の可能性
――健康と環境のための肉食離れは本物か？　127

File 12
食の安全保障と食料自給率
――食料自給率をどこまで上げる必要があるのか？　137

第Ⅴ部　生態系保全と食

第Ⅵ部　持続可能な食に向けた仕組みづくり

第Ⅶ部　開発と環境

序　章

MDGsからSDGsへ

目標達成に向けた進捗と残された課題は？

キーワード

持続可能な開発

●

ブルントラント委員会

●

地球サミット

●

MDGs

●

持続可能な開発に関する世界首脳会議

●

SDGs

イントロダクション

2015年に国連総会は「持続可能な開発目標」（SDGs）を採択し、国・地域、官民をあげてこの目標の達成に向けた取り組みを進めています。この目標は「ミレニアム開発目標」（MDGs）の後継となりますが、SDGsとMDGsの違いは何でしょうか？

MDGsの達成に向けた取り組みでどのような進展があり、どのような課題が残されたのでしょうか？本章では、多岐に及ぶこれら国際的な開発目標と進捗を概観するとともに、2030年に向けた国際社会の課題を論じます。

用語解説

持続可能な開発

環境と開発に関する世界委員会（ブルントラント委員会）は「将来の世代のニーズを満たす能力を損なうことなく現在のニーズを満たすこと」と定義している。

1 持続可能な開発をめぐる国際議論の歴史

持続可能な開発（Sustainable Development）という概念は、1987年に「環境と開発に関する世界委員会（WCED、通称ブルントラント委員会）」が国連に提出した「Our Common Future」という報告書で提唱され、その後、多くの制度や行動規範に影響を与え続けている。

この報告書では「持続可能な開発」を「将来の世代のニーズを満たす能力を損なうことなく現在のニーズを満たすこと」（原文 "Sustainable development is development that meets the needs of the present without compromising the ability of future generations to meet their own needs."）と定義づけており、現世代の豊かさを追求する際には世代間の公平性に留意する重要性を訴えている。

環境問題によりひきつけて解釈すると、環境は経済社会の発展の基盤であり、環境を損なうことなく開発することが持続的な発展につながるとの認識を「持続可能な開発」という概念のもとで浸透させようという狙いがあったと考えられる。

5年後に開かれた「環境と開発に関する国連会議（UNCED、通称地球サミット）は地球環境問題への取り組みを加速させる一大契機となるが、ブルントラント委員会からの提言はその青写真を描いたものと位置づけられる。

地球サミットでは「環境と開発に関するリオ宣言」や「アジェンダ21」が採択された。アジェンダ21は英文で約500頁にも及ぶ行動指針であり、第一部　社会的・経済的側面、第二部　開発資源の保全と管理、第三部　NGO、地方政府など主たるグループの役割の強化、第四部　財源・技術などの実施手段、という構成となっている。

その後、国連にこの実施状況をレビューする委員会として「国連持続可能委員会（CSD）」が設置され国際社会の取り組みの進捗を共有するとともに、国レベル、自治体レベルでも国情や地域の事情に応じたアジェンダ

表序-1　ミレニアム開発目標（MDGs）（一部抜粋）

大目標	項目	具体の目標
極度の貧困と飢餓の撲滅	1.A	1990年から2015年までに、1日1ドル未満で生活する人々の割合を半減させる。
普遍的な初等教育の達成	2.A	2015年までに、すべての子どもたちが、男女の区別なく、初等教育の全課程を修了できるようにする。
ジェンダーの平等の推進と女性の地位向上	3.A	できれば2005年までに初等・中等教育において、2015年までにすべての教育レベルで、男女格差を解消する。
幼児死亡率の引き下げ	4.A	1990年から2015年までに、5歳未満の幼児の死亡率を3分の2引き下げる。
妊産婦の健康状態の改善	5.A	1990年から2015年までに、妊産婦の死亡率を4分の3引き下げる。
HIV/エイズ、マラリア、その他疫病の蔓延防止	6.A	2015年までに、HIV/エイズのまん延を阻止し、その後、減少させる。
環境の持続可能性の確保	7.B	生物多様性の損失を抑え、2010年までに、損失率の大幅な引き下げを達成する。
	7.C	2015年までに、安全な飲料水と基礎的な衛生施設を持続可能な形で利用できない人々の割合を半減させる。

出所：国際連合広報センターウェブサイトより筆者作成。

21が策定され、「持続可能な開発」の概念がさまざまなレベルで浸透していった。

他方で、国連全体のアジェンダを21世紀に入るに当たって総括するため、2000年に国連ミレニアム総会が開催され「ミレニアム宣言」が採択された。この宣言は、(1) 平和、安全及び軍縮、(2) 開発及び貧困撲滅、(3) 共有の環境の保護、(4) 人権、民主主義及び良い統治、(5) 弱者の保護、(6) アフリカの特別なニーズへの対応、(7) 国連の強化、という7つのテーマで合意したものである。

この宣言と1990年代に国連で採択された国際開発目標を1つの枠組みとして統合したものが「ミレニアム開発目標」(MDGs) として同総会で採択された。MDGsは2015年までに達成を目指す8つの目標で構成されている。

表序-1 はMDGsの一部を抜粋したものである。貧困、教育、ジェンダー、保健などの目標が並ぶなか、7番目の目標として生物多様性や安全な水といった環境目標が掲げられている。この目標の実現に向け、国際機関や各国が開発援助、技術支援等の取り組みを進めた。

また、2002年に南アフリカ共和国で開催された「持続可能な開発に関する世界首脳会議（WSSD、通称ヨハネスブルグサミット）」は、地球サミットから10年の節目に、地球環境アジェンダと社会・経済開発アジェンダに対してより統合的に国際社会が取り組む重要性を訴え、「ヨハネスブルグ宣言」や「実施計画」が採択された。

さらに、このサミットでは日本政府がNGOとともに提案した「持続可能な開発のための教育の10年」も採択されたことで、持続可能な開発教育（ESD）が国内外で浸透する契機となった。持続可能な生産消費形態への変更の重要性もこのサミットから発信された。

2 ミレニアム開発目標（MDGs）の達成状況

では2000年代初頭に進められたMDGs達成のための取り組みは、どのような成果をあげただろうか。

表序-2から**表序-5**にいくつかの目標の達成の度合いを世界全体と地域別に分けて示す。

進捗状況は地域により大きな差異がみられるが、概括すれば以下のようにまとめることができる。すなわち、極度の貧困や飢餓人口の減少、マラリア・結核による死亡数の減少、安全な飲料水へのアクセスなどの面で大きな前進をみた一方で、ジェンダーギャップ、妊産婦の死亡率、衛生設備へのアクセス（下水処理）などの面ではなお多くの課題が残されているといえる。

表序-2　貧困人口比率の変化（単位:%）

地域	1990年	2015年（推定値）	目標達成度
サハラ以南のアフリカ	57	41	未達成
南アジア	52	17	達成
東南アジア	46	7	達成
中国	61	4	達成
世界全体	36	12	達成

注　：貧困線は2005年価格で1.25ドル/日。
出所：「開発協力白書」（2015）より筆者作成。

表序-3　5歳未満児死亡率の変化（単位：出生数1,000件に対して乳幼児死亡件数　‰）

地域	1990年	2015年（推定値）	目標達成度
サハラ以南のアフリカ	179	86	未達成
太洋州	74	51	未達成
南アジア	126	50	未達成
中央アジア・コーカサス	73	33	未達成
東南アジア	71	27	未達成
北アフリカ	73	24	ほぼ達成
西アジア	65	23	ほぼ達成
中南米	54	17	達成
東アジア	53	11	達成
世界全体	90	43	未達成

出所：「開発協力白書」（2015）より筆者作成。

表序-4　妊産婦死亡率の変化（単位：新生児出生10万件に対する死亡件数）

地域	1990年	2010年（推定値）	目標達成度
サハラ以南のアフリカ	990	510	未達成
南アジア	530	190	未達成
太洋州	390	190	未達成
カリブ諸国	300	190	未達成
東南アジア	320	140	未達成
中南米	130	77	未達成
西アジア	130	74	未達成
北アフリカ	160	69	未達成
中央アジア・コーカサス	70	39	未達成
東アジア	95	33	未達成
世界全体	380	210	未達成

出所：「開発協力白書」（2015）より筆者作成。

表序 -5 「改善された衛生設備」を利用する人口の割合（単位：%）

地域	1990 年	2015 年（推定値）	目標達成度
サハラ以南のアフリカ	24	30	未達成
太洋州	35	35	未達成
南アジア	22	47	未達成
東南アジア	48	72	未達成
東アジア	50	77	達成
中南米	67	83	ほぼ達成
北アフリカ	71	89	達成
西アジア	80	94	達成
中央アジア・コーカサス	90	96	達成
世界全体	54	68	未達成

注　：「改善された衛生設備」とは、人間の排泄物に触れることなく、衛生的に処理できる設備を備えているトイレ。例えば、下水あるいは浄化槽につながっている水洗トイレ（水を汲んで流す方式、換気式トイレを含む）、スラブ付きピットトイレ、コンポストトイレ等。
出所：末久（2016）より筆者作成。

改善された点

1）世界全体では極度の貧困の半減を達成

2）世界の飢餓人口は減少し続けている

3）不就学児童の総数は約半減

4）マラリアと結核による死亡数は大幅に減少

5）安全な飲料水を利用できない人の割合の半減を達成

積み残された課題

6）国内での男女、収入、地域格差が存在

7）5 歳未満児死亡率は減少するも、目標達成には遠い

8）妊産婦の死亡率は低減に遅れ

9）改善された衛生設備へのアクセスは十分ではない

3 ミレニアム開発目標（MDGs）から持続可能な開発目標（SDGs）へ

2000年代初頭から2015年までの変化の特徴を振り返ると、第一に中国、インドといった人口規模の大きな開発途上国の経済成長と貧困削減により、世界の貧困が大幅に削減されたことがあげられる（山形2015）。

第二には、サハラ以南のアフリカでは資源開発や情報技術の浸透により一定の成長を遂げ、マラリア／HIV感染率が低下するとともに、飢餓や疾病蔓延の状態が改善したことがあげられる（山形2015）。

第三には、地球全体では、気候変動、海洋汚染、漁業資源の枯渇といった環境・資源問題の深刻さが増していることがあげられる。

このようにMDGsや地球環境保全上の目標の達成に向けた進捗と課題が明らかになってくるなか、その目標年度である2015年に国連持続可能な開発サミットが開催され、「持続可能な開発のための2030アジェンダ」が採択された。このアジェンダでは、行動計画として宣言および目標を掲げた。この目標が、ミレニアム開発目標（MDGs）の後継として位置づけられた、17の目標と169のターゲットからなる「持続可能な開発目標（SDGs）」である。

表序-6にMDGsとSDGsの目標の比較を示す。SDGsでは目標・ターゲットの数がMDGsより大幅に増えている一方で定量ターゲットの割合は減っており、また進捗管理のための指標がない項目も多数あることが大

表序-6　MDGsとSDGsの目標数の比較

	目標	ターゲット	指標
MDGs	8	21	60
SDGs	17	169	指標がない項目多数

出所：小島（2015）より筆者作成。

きな違いである。

他方で、SDGsでは国連グローバル・コンパクト等のチャネルも使いながら民間セクターの巻き込みを戦略的に進め、企業活動を進めるに当たっての不可避の目標となりつつある点はMDGsからの大きな進展ともいえる。

表序-7はその一部を抜粋したもので、目標年次や定量目標のあるものを中心に掲げている。MDGsで削減目標を達成した項目については、「すべての人々」「あらゆる国・場所・形態・年齢」「終わらせる」といった表現で目標を深堀りしている。SDGsのスローガンとして掲げられている「誰一人取り残さない」は、このような深堀り目標に呼応したものと考えられる。

また、環境面ではたとえば「持続可能な生産消費形態の確保」の大目標(12番目)のもとに、「2030年までに小売・消費レベルにおける世界全体の

表序-7　持続可能な開発目標(SDGs)

目標	大目標	具体の目標(目標年次や定量目標のあるものを中心に抜粋)
1	あらゆる場所のあらゆる形態の貧困を終わらせる。	2030年までに、現在1日1.25ドル未満で生活する人々(筆者注:2015年は12%)と定義されている極度の貧困をあらゆる場所で終わらせる。
2	飢餓を終わらせ、食料安全保障及び栄養改善を実現し、持続可能な農業を促進する。	5歳未満の子どもの発育阻害や消耗性疾患について国際的に合意されたターゲットを2025年までに達成するなど、2030年までにあらゆる形態の栄養不良を解消し、若年女子、妊婦・授乳婦及び高齢者の栄養ニーズへの対処を行う。
3	あらゆる年齢のすべての人々の健康的な生活を確保し、福祉を促進する。	2030年までに、世界の妊産婦の死亡率を出生10万人当たり70人未満(筆者注:2015年は210人)に削減する。
		すべての国が新生児死亡率を少なくとも出生1,000件中12件以下まで減らし、5歳以下死亡率を少なくとも出生1,000件中25件以下(筆者注:2015年は43人)まで減らすことを目指し、2030年までに、新生児及び5歳未満児の予防可能な死亡を根絶する。
4	すべての人々への、包摂的かつ公正な質の高い教育を提供し、生涯学習の機会を促進する。	2030年までに、すべての子どもが男女の区別なく、適切かつ効果的な学習成果をもたらす、無償かつ公正で質の高い初等教育及び中等教育を修了できるようにする。
5	ジェンダー平等を達成し、すべての女性及び女児の能力強化を行う。	政治、経済、公共分野でのあらゆるレベルの意思決定において、完全かつ効果的な女性の参画及び平等なリーダーシップの機会を確保する。
6	すべての人々の水と衛生の利用可能性と持続可能な管理を確保する。	2030年までに、すべての人々の、適切かつ平等な下水施設・衛生施設へのアクセス(筆者注:2015年は68%)を達成し、野外での排泄をなくす。女性及び女子、ならびに脆弱な立場にある人々のニーズに特に注意を向ける。
7	すべての人々の、安価かつ信頼できる持続可能な近代的エネルギーへのアクセスを確保する。	2030年までに、世界のエネルギーミックスにおける再生可能エネルギーの割合を大幅に拡大させる。
		2030年までに、世界全体のエネルギー効率の改善率を倍増させる。

8	包摂的かつ持続可能な経済成長及びすべての人々の完全かつ生産的な雇用と働きがいのある人間らしい雇用（ディーセント・ワーク）を促進する。	各国の状況に応じて、1人当たり経済成長率を持続させる。特に後発開発途上国は少なくとも年率7%の成長率を保つ。
		2030年までに、若者や障害者を含むすべての男性及び女性の、完全かつ生産的な雇用及び働きがいのある人間らしい仕事、ならびに同一労働同一賃金を達成する。
9	強靱（レジリエント）なインフラ構築、包摂的かつ持続可能な産業化の促進及びイノベーションの推進を図る。	包摂的かつ持続可能な産業化を促進し、2030年までに各国の状況に応じて雇用及びGDPに占める産業セクターの割合を大幅に増加させる。後発開発途上国については同割合を倍増させる。
10	各国内及び各国間の不平等を是正する。	2030年までに、各国の所得下位40%の所得成長率について、国内平均を上回る数値を漸進的に達成し、持続させる。
11	包摂的で安全かつ強靱（レジリエント）で持続可能な都市及び人間居住を実現する。	2030年までに、すべての人々の、適切、安全かつ安価な住宅及び基本的サービスへのアクセスを確保し、スラムを改善する。
12	持続可能な生産消費形態を確保する。	2030年までに小売・消費レベルにおける世界全体の1人当たりの食料の廃棄を半減させ、収穫後損失などの生産・サプライチェーンにおける食料の損失を減少させる。
		2020年までに、合意された国際的な枠組みに従い、製品ライフサイクルを通じ、環境上適正な化学物資やすべての廃棄物の管理を実現し、人の健康や環境への悪影響を最小化するため、化学物質や廃棄物の大気、水、土壌への放出を大幅に削減する。
13	気候変動及びその影響を軽減するための緊急対策を講じる。	気候変動の緩和、適応、影響軽減及び早期警戒に関する教育、啓発、人的能力及び制度機能を改善する。
14	持続可能な開発のために海洋・海洋資源を保全し、持続可能な形で利用する。	水産資源を、実現可能な最短期間で少なくとも各資源の生物学的特性によって定められる最大持続生産量のレベルまで回復させるため、2020年までに、漁獲を効果的に規制し、過剰漁業や違法・無報告・無規制（IUU）漁業及び破壊的な漁業慣行を終了し、科学的な管理計画を実施する。
		2020年までに、国内法及び国際法に則り、最大限入手可能な科学情報に基づいて、少なくとも沿岸域及び海域の10パーセントを保全する。
		開発途上国及び後発開発途上国に対する適切かつ効果的な、特別かつ異なる待遇が、世界貿易機関（WTO）漁業補助金交渉の不可分の要素であるべきことを認識した上で、2020年までに、過剰漁獲能力や過剰漁獲につながる漁業補助金を禁止し、違法・無報告・無規制（IUU）漁業につながる補助金を撤廃し、同様の新たな補助金の導入を抑制する。
15	陸域生態系の保護、回復、持続可能な利用の推進、持続可能な森林の経営、砂漠化への対処、ならびに土地の劣化の阻止・回復及び生物多様性の損失を阻止する。	2020年までに、あらゆる種類の森林の持続可能な経営の実施を促進し、森林減少を阻止し、劣化した森林を回復し、世界全体で新規植林及び再植林を大幅に増加させる。
		2030年までに、砂漠化に対処し、砂漠化、干ばつ及び洪水の影響を受けた土地などの劣化した土地と土壌を回復し、土地劣化に荷担しない世界の達成に尽力する。
16	持続可能な開発のための平和で包摂的な社会を促進し、すべての人々に司法へのアクセスを提供し、あらゆるレベルにおいて効果的で説明責任のある包摂的な制度を構築する。	2030年までに、違法な資金及び武器の取引を大幅に減少させ、奪われた財産の回復及び返還を強化し、あらゆる形態の組織犯罪を根絶する。
17	持続可能な開発のための実施手段を強化し、グローバル・パートナーシップを活性化する。	先進国は、開発途上国に対するODAをGNI比0.7%に、後発開発途上国に対するODAをGNI比0.15～0.20%にするという目標を達成するとの多くの国によるコミットメントを含むODAに係るコミットメントを完全に実施する。ODA供与国が、少なくともGNI比0.20%のODAを後発開発途上国に供与するという目標の設定を検討することを奨励する。

出所：「持続可能な開発のための2030アジェンダ」（2015年9月25日第70回国連総会採択）より筆者作成。

1人当たりの食料の廃棄を半減」という定量目標が掲げられ、世界的なフードロス削減のモメンタムを高めている。

一方で、「すべての人々の、安価かつ信頼できる持続可能な近代的エネルギーへのアクセスを確保する」（大目標7番目）や「気候変動及びその影響を軽減するための緊急対策を講じる」という（大目標、13番目）では定性的で短文の目標に留まっており、具体の目標を掲げる国家間調整の難しさや個別の気候変動交渉に委ねるといった割り切りもうかがえる。

このSDGsが国連総会で採択されたのは2015年9月であり、その3か月後の2015年12月に難しい交渉を乗り越えてパリ協定が採択されたのは、SDGs採択のモメンタムやそれまでの国際交渉の下地が功を奏したためと考えることもできる。

2020年1月よりSDGs達成のための「行動の10年」がスタートしており、2030年の目標達成に向けた行動の加速が求められている。その際、国・地域や企業の特徴に応じて多岐にわたる目標・ターゲットに対する優先順位づけを行い、重点化した取り組みを進めることも重要であろう。（島田幸司）

考えてみましょう

- SDGsの目標・ターゲットのなかで最も関心・懸念をもつものを選び、世界・地域の現状や今後の見通しや課題を論じてください。

引用文献

外務省「開発協力白書」2015年

小島道一「持続可能な開発の淵源と展望」『アジ研ワールド・トレンド』No.232（2015年2月）、pp.16-19.

末久正樹「水道分野におけるMDGsの達成状況とSDGs達成に向けた国際支援」『生活と環境』（2016年4月号）、pp.9-14.

山形辰史「MDGsを超えてSDGsへ――国際開発の行方」『アジ研ワールド・トレンド』No.232（2015年2月）、pp.20-25.

File 01

食品ロスとフードチェーン

なぜ食品ロスはこんなに増えた？

キーワード

食品ロス
●
食料廃棄
●
過剰除去
●
食べ残し
●
フードチェーン
●
食品加工
●
機会ロス

イントロダクション

いま世界では、食べるために生産された食料のうち、3分の2ぐらいしか実際に食べられていません。開発途上国では食料の生産から流通にかけてのインフラ不足、先進国では流通から消費にかけての過剰な売買が主な原因です。2050年にかけて世界人口の食料需要を満たすためには、食料生産量を今後6割程度増やす必要がありますが、食料のロスや廃棄を少なくすることで、生産量をそれほど増やさず将来の需要に応えることができるはずです。

用語解説

機会ロス
商品さえあれば売れたはずなのに、予想よりも早めに売り切れてしまい、売り逃がしが生じることを機会ロスという。例えば、おにぎりを200個用意していれば150個売れたはずの日に100個しか用意していなかった場合など。製造業は固定費などが大きいため、生産量を2倍にしても生産費用は2倍以下で済むため、多めに生産して売れ残りを廃棄したほうが利益が高くなる。

1 コロナ禍で食品ロスが増えている？

食べ物を余らせて捨ててしまう問題について、近年「食品ロス」というキーワードで議論が盛んになってきているが、2020年からの新型コロナウイルス感染症の拡大（コロナ禍）に伴い、余らせて捨ててしまう食べ物が増えている。2019年10月に食品ロス削減推進法が施行され、日本政府もこの問題に本格的に取り組んでいこうとしていた矢先のコロナ禍となり、思惑とは逆に廃棄食品が一時的に増大する状況を招いている。

世界最大規模のイベントといえる東京オリンピック・パラリンピックが延期され、海外からの観光需要（インバウンド）は蒸発、政府の自粛要請を受けた飲食店やホテルの休業、休校による学校給食の中止などにより、膨大な食材や食品の在庫を抱えて苦慮する事業者が全国各地で悲鳴を上げる事態となった。それまで順調に伸びてきた観光需要を見込んで例年よりも供給を増やしていた高級食材なども行き場を失い、製造日から賞味期限までを3分割し販売は製造日から3分の2の期日までを限度としている通称「3分の1ルール」という業界の暗黙の慣習（コラム2「賞味期限の呪縛」参照）も相まって、さばき切れない余剰食材・食品が大量に発生した。

米国においても、コロナ禍に端を発する食品の買いだめ、家庭内調理の頻度増やレストランの休業によって、食品の廃棄率は増加傾向を示した。さらには、米国は労働者の入国ビザを制限したことにより、季節労働者の不足から農産物の収穫が計画通りなされず、特に葉もの野菜などの傷みやすい作物の多くが農地に捨てられる事態も発生した。農業では、食品としての規格や見栄えなどの理由で平時でも収穫の3分の1から半分近くほどが畑に残されるといわれており、さらに多くの作物が労働者不足で収穫されない状況は食料廃棄率を加速させてしまう。レストランや学校、農家直販の市場などが人の密集を回避するために閉鎖されていることで、日持ちのしない農産物の販路も少なくなり、新しい販売ルートを見つけることも困難であることから、農業従事者は供給過多に苦しんでいる。

2 食料のロス？廃棄？用語はどうなってる？

「食品ロス」に関わる用語の定義については、実は国際的な統一基準が未だ定まっていない。日本では、農林水産省や環境省が公表している報告書によると、家庭から出てくる食品由来の廃棄物と事業活動に伴って排出される食品由来の廃棄物を合わせ「食品由来の廃棄物」が推計されており、その中で「本来食べられるものであるにもかかわらず食べられなかったもの」が「食品ロス」というカテゴリーで扱われている。

一方で、世界の食糧と農業に関わる国際連合の専門機関であるFAO（国際連合食糧農業機関、Food and Agricultural Organization of the United Nations）は、食料の生産から消費に至るまでの流通網における問題（保存など）や自然災害等により失われた食料資源量を「食料ロス（food loss）」と位置づけ、消費段階において市場の慣行（賞味期限と消費期限の扱いなど）や小売店の過剰な仕入れ（品切れを回避するためなど）や消費者の買い過ぎなどにより捨てられた食料資源量を「食料廃棄（food waste）」として、これらを合わせて「食料の無駄（food wastage）＝食料ロス（food loss）＋食料廃棄（food waste）」と定義している。したがって、FAOの統計資料等では「食料のロス・廃棄」などの表記が多用されている。さらには、米国では、Buzbyらの研究によると、FAOの「食料の無駄（food wastage）＝食料ロス（food loss）＋食料廃棄（food waste）」にあたるものを包括的な概念として「食品ロス（food loss）」と定義付けており、その中に消費段階で捨てられる食品を意味する「食品廃棄（food waste）」を含める扱いとなっている（図01-1）。

このように、国や地域の考え方の微妙な相異により、「食品」と「食料」、「ロス」と「廃棄」など類似した言葉の組み合わせにより異なる解釈が混在しているのが現状であることを理解したうえで、国際的な交流・交渉・協力等の現場に臨まなければならない。

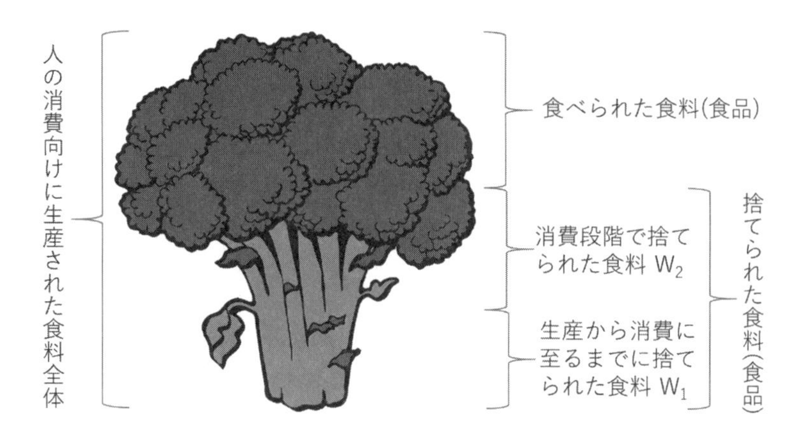

図 01-1　食品ロス関連用語の位置づけ

日本では、食品ロス：W_2、食品廃棄物：$W_1 + W_2$
FAO では、food loss：W_1、food waste：W_2、food wastage：$W_1 + W_2$
米国では、food waste：W_2、food loss：$W_1 + W_2$
出所：筆者作成。

3 人が食べるために生産された食料はどれほど捨てられているのか

日本では、「食品循環資源の再生利用等の促進に関する法律」（食品リサイクル法）に基づく事業者からの報告等をもとに食品廃棄物等（食品廃棄物に有償で取引される食品副産物を加えたもの）の量が農林水産省により推計されており、2016 年度（総人口は 1 億 2693 万 3 千人）には約 2,759 万トン（1 人あたり 217.4kg）の食品廃棄物等が発生したと報告されている。これは、同年の食用仕向量（粗食料＋加工用）8,088 万トン（1 人あたり 637.2kg、熱量換算で 1 人 1 日あたり 3,722kcal）の 34.1% に相当する。1 日に必要なエネルギー量（熱量）の目安として、子供・高齢者・活動量の少ない成人女性の場合は 1400 ～ 2000kcal、男性は 2200 ± 200kcal 程度とされていることからも、食用仕向量の 54 ～ 60% 程度しか実際に食べられていないことが予想される。

この食品廃棄物等 2,759 万トンのうち 1,683 万トン（61%）は、有償で取引される食品副産物を含めて何らかの形で減量化・再資源化・熱回収などにより食用以外に使われており、その多くは堆肥や飼料である。また、食品廃棄物等のうち、本来食べられるにも関わらず捨てられてしまうと日本で定義されている「食品ロス」に関しては、2016年度には約643万トン（1人あたり50.7kg、食用仕向量の8.0%）であったと推計されている。家庭からは291万トン（直接廃棄89、過剰除去90、食べ残し112）、事業者から352万トン（外食133、小売り66、卸売り16、製造137）という内訳となっている（**巻頭図1**）。

家庭からの「直接廃棄」は「賞味期限切れ等により手つかずのまま廃棄されたもの」、「過剰除去」は「厚くむき過ぎた野菜の皮など、不可食部分を除去する際に過剰に除去された可食部分」という日本固有の分類となっている。「食べ残し」と合わせて、これらの詳細な内訳については、家庭から発生した食品廃棄物・食品ロスの量やその処理状況を把握するために、環境省が全国の市区町村にアンケート調査を実施して推計したものである（有効回答数は1706件／1741市区町村）。ただし、「食品ロス量を把握するための調査を実施している」と回答した市区町村は145件（8.5%）であり、「食べ残し」と「過剰除去」の区別が明確でないケースも見られた。事業系の食品ロスについても、食品リサイクル法に基づく定期報告を提出した4780の事業者に対して農林水産省が行った食品廃棄物等に占める可食部等に関するアンケート調査（有効回答数は2200事業者で回答率は約46%）から推計された数値であり、家庭系も事業系も限られた回答結果から拡大推計されたものであることに留意する必要がある。

4 世界で捨てられている食料はどれぐらいあるのか？

国連食糧農業機関（FAO）の依頼に基づき、スウェーデンの食品・生命工学研究機構（Swedish Institute for Food and Biotechnology）が2010年8月から2011年1月に実施した調査研究に基づいて作成した調査研究報告書「世界の食品ロスと食品廃棄（Global Food Losses and Food Waste）」によると、世界全体の食料のロス・廃棄量は、一次産品換算では年間16億トン、食料の可食部に換算すると13億トン（世界全体で人の消費向けに生産された食料のおおよそ3分の1、調査時の人口1人あたり188.5kg）にのぼると推定されている。ここでのロスや廃棄は先に述べたように「食料の無駄（food wastage）＝食料ロス（food loss）＋食料廃棄（food waste）」を示している。その内訳として先進国と開発途上国がほぼ半々であること、そして、途上国では生産・加工・流通段階における食品ロスが中心であり、先進国では消費段階における食べ残しを含めた廃棄が中心であると指摘されている。1人当たりでは、全体として、開発途上国よりも先進国の方が無駄にされている食料が多い。ヨーロッパと北アメリカにおける1人当たりの食料ロス・廃棄が280～300kg/年であることに対して、サハラ以南アフリカと南・東南アジアでは、120～170kg/年である。人の消費向け食料の1人当たり生産量は、ヨーロッパと北アメリカでは約900kg/年であり、サハラ以南アフリカと南・東南アジアでは460kg/年である。ヨーロッパと北アメリカで消費者によって捨てられる1人当たりの食料（日本でいう食品ロス）は95～115kg/年であるが、サハラ以南アフリカと南・東南アジアでは6～11kg/年にすぎない（図01-2）。

この調査時に推計された世界の農産物の総生産量（食用・非食用）は約60億トンである。栽培・生育されたものの消費されなかった食料は、環境的にも経済的にも大きな損失となる。こうした食料のロス・廃棄は明らかに、世界全体の食料安全保障を改善したり農業が環境に与える影響を緩和したりする機会の喪失となっている。また、増え続ける世界人口の需要に応えるためには、2050年までに食料生産量を2005～2007年の生産量よりも60%増やす必要があるとされる。しかし、食料を現在の生産量のレベルのまま有効利用（ロスや廃棄を少なくする）することで、農産物の生産量をそれほど増やさずに、将来の需要に応えることができる可能性がある。

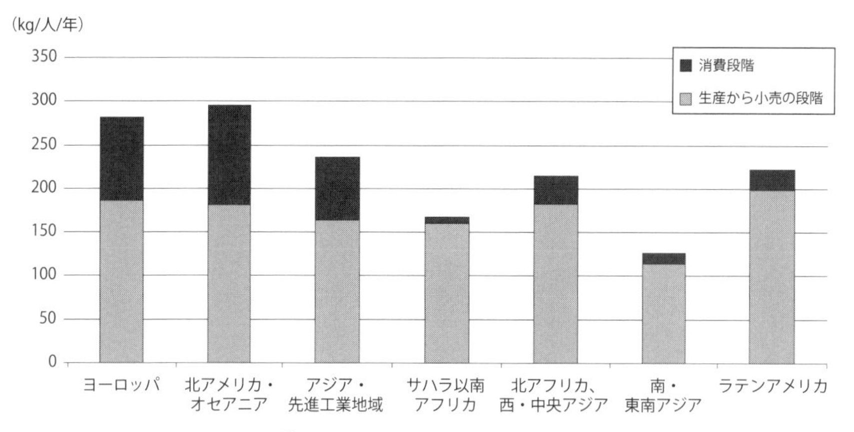

図 01-2　世界の年間１人当たり食料のロスと廃棄量

出所：「世界の食料ロスと食料廃棄」（編集：FAO、翻訳・発行：社団法人国際農林業協働協会）
http://www.fao.org/3/i2697o/i2697o.pdf

5 どうして食料を捨ててしまうのか

食料を捨ててしまう理由にもさまざまなものがあり、開発途上国と先進国では大きく事情が異なっている。開発途上国では、農産物の収穫条件（適切でない収穫時期や未熟な収穫技術など）における問題や、厳しい気候条件下での食料の貯蔵（保冷）施設や輸送インフラの不備が食料ロス・廃棄の主要な原因になっている。農地・畜産施設・漁港から輸送される農産物、肉類、魚介類などの生鮮食料品は、輸送、貯蔵（保冷）、取引市場インフラが不十分である場合、厳しい気候条件（暑い気候など）の中で腐敗しやすく、捨てられるものが増えてしまう。一方で、開発途上国では、家庭における食料保存条件が厳しい（冷蔵庫が十分には普及していないなど）地域も多く、消費者がその日の食事にちょうど足る食料品を少量買うのが一般的な地域では、消費者段階で捨てられる食料は少ない。

開発途上国とは対照的に、先進国における食料のロス・廃棄の主な原因は消費者段階に近いところにあり、フードチェーンと呼ばれる食料の生産・

加工・流通インフラにおける各産業セクターと消費者の振る舞いであることが多い。基本的に、食料のみならず、あらゆる消費財について、生産が需要を上回るとロスや廃棄が発生する。あらかじめ契約した取引量を確実に確保するため、さらには形状や外見に関わる品質基準に基づいた納入拒否を見込んで、想定される需要を上回る生産や加工を行うことが先進国では一般的になっている。また、食品加工においては、最終製品（消費者が手に取る食品）としての要求水準が極めて高く設定され、加工により失われ最終的には捨てられてしまう食料が増える。

図 01-3　形状や外見に関わる品質基準を満たさないことで生まれる食料のロス

出所：https://pixabay.com/ja/

さらには、小売店舗における多種類・大量の食品陳列は小売業の販売機会損失（いわゆる機会ロス）を最小化するためになされているが、商品（食品）の全てが販売されることはなく販売期限（これも、かなりの余裕を持ち、早めに設定されている）以降に大量の食料廃棄・ロスを発生させる。これらは、流通加工業者や小売店舗の問題というよりも、消費者側の「高品質の多様な食品がいつでも購入できること」への期待が起因となっているともいえる。また、最終消費段階における家庭においても、多くの開発途上国と異なり、一定期間保存できる設備（冷蔵庫や冷凍庫など）に恵まれているが故に「その日の食事にちょうど足る」以上の食料品を大量に買いだめした挙句、食べきれなかった食料の廃棄・ロスが出てきてしまうことになる。

（天野耕二）

◆考えてみましょう

- 身の回りにある食品を捨てるとき、あらかじめどのようなことに注意を払っておけば捨てなくて済んだか考えてみましょう。
- 今世紀中に100億人を超えるとされている世界の人口を養うために、あとどのくらい森林を切り開いて農耕地面積を拡大しなければならないか考えてみましょう。

◆引用文献

環境省　食品ロスポータルサイト　http://www.env.go.jp/recycle/foodloss/index.html

環境省「平成30年度食品廃棄物等の発生抑制及び再生利用の促進の取組に係る実態調査報告書」

農林水産省「平成29年度 食品産業リサイクル状況等調査委託事業（食品関連事業者における食品廃棄物等の可食部・不可食部の量の把握等調査）報告書」

国連食糧農業機関（FAO）「世界の食料ロスと食料廃棄」、翻訳・発行：社団法人国際農林業協働協会

Food and Agriculture Organization of the United Nations (FAO), Global food losses and food waste – Extent, causes and prevention. Rome, 2011　http://www.fao.org/3/mb060e/mb060e.pdf

Jean C. Buzby, Hodan F. Wells, and Jeffrey Hyman, “The Estimated Amount, Value, and Calories of Postharvest Food Losses at the Retail and Consumer Levels in the United States”, Economic Information Bulletin, No.121, 2014

◆さらに勉強したい人のための参考文献

井出留美『賞味期限のウソ――食品ロスはなぜ生まれるのか』幻冬舎、2016年

コラム1　食品関連事業者から見た作りすぎ

農林水産省委託業務「平成29年度食品産業リサイクル状況等調査委託事業（食品関連事業者における食品廃棄物等の可食部・不可食部の量の把握等調査）」報告書によると、平成27年度の食品産業全体における食品廃棄物等（FAOによる食料ロス・廃棄に相当）の発生量約2,010万トンのうち、可食部（食べられる部分）が17.8%（約357万トン）、不可食部（果実の種や魚の骨など食べられない部分）が82.2%（約1,653万トン）と推計されている。事業者へのアンケート結果から、可食部の発生要因についての回答割合で業種別に目立つものは下記の通りである。

（複数回答あり）

発生要因	食品製造業	食品卸売業	食品小売業	外食産業
賞味・消費・保管期限切れ、作りすぎ	20.5%	33.7%	69.2%	37.5%
加工トラブル・調理ミス・不良品	24.0%	13.0%	11.1%	4.4%
返品によるロス	10.3%	34.8%	3.4%	0.0%
食べ残し・キャンセル品	1.1%	0.0%	2.9%	70.6%

出所：「平成29年度食品産業リサイクル状況等調査委託事業（食品関連事業者における食品廃棄物等の可食部・不可食部の量の把握等調査）」報告書より筆者抜粋作成

「賞味・消費・保管期限切れ、作りすぎ」はいずれの業種でも目立っており、特に食品小売業は突出して多い。食品製造業では「加工トラブル・調理ミス・不良品」、食品卸売業では「返品によるロス」が他の要因よりも多くなっている。また、外食産業では「食べ残し・キャンセル品」が突出して多くなっている。（天野耕二）

File 02

栄養源か、エネルギー源か

食品ロスを有効利用するには？

キーワード

食品廃棄物
●
堆肥化
●
飼料化
●
エネルギー化
●
リサイクル

イントロダクション

日々多くの食品が、家庭や事業所から捨てられています。このままごみとして処分されてしまうのはもったいないことです。食べられないものなら、せめて他の形で利用できるとよいのですが……。

発生してしまった食品ロスはリサイクルすることもできますが、それには複数の手法があります。どのように有効利用するのが望ましいのでしょうか。

用語解説

食品リサイクル法
食品関連事業者からの食品廃棄物の発生抑制と再生利用を目指すために、関係する主体の役割や目標を定めた法律。正式名称は「食品循環資源の再生利用等の促進に関する法律」。再生利用目標値を業種別に設定するほか、一定規模以上の事業者に取り組む状況の報告を求める。また、再生利用を促進するために、一般廃棄物の収集運搬にかかわる規制の緩和についても定めている。

1 廃棄せざるを得ない食品の有効利用法とは？

食品廃棄物は、製造業や卸売、小売、外食産業、家庭など、食のサプライチェーンのあらゆる段階で日々発生している。File 03で学ぶように食品ロスを減らすためのさまざまな取り組みが進められつつあるが、可食部（食品ロス）だけでなく非可食部を含めた食品廃棄物を完全になくすことは難しい。家庭や事業所において、どうしても発生してしまう食品残渣（ごみ）は可能な限り何らかの形で有効活用が望ましいことは言うまでもない。

現状における食品廃棄物のリサイクル状況を**表02-1**に示す。食品関連事業者（製造業や卸売、小売、飲食業など食事を提供する事業者）からと家庭由来の食品廃棄物は、おおむね同等程度の発生量である。一方で、リサイクルされる割合は大きく異なり、家庭系の食品廃棄物はわずか6%程度しかリサイクルされていない。日本においては、一部の自治体で家庭系の食品廃棄物は分別収集され、リサイクルが行われているが、多くの自治体では可燃ごみとして他のごみと一緒に収集されている。食品関連事業者においてもリサイクル率は業種ごとに異なり、比較的一定の性質のものが安定的に排出される食品製造業では高く、飲食業で低い傾向にある。

2001年に施行された食品リサイクル法では、食品廃棄物等の再生利用に関する目標が業種別に定められ、一定以上の規模の事業者に対し食品廃棄物等の発生量や再生利用の状況などについて定期報告が求められてい

表02-1　食品関連事業者と家庭における食品廃棄物発生量と再資源化率の推計値（2012年）

	発生量	焼却・埋立処分量	再生利用量	再生利用率
食品関連事業者（食品製造業・外食産業等）	818	456	363	44.4%
家庭系	885	829	55	6.2%

出所：環境省「環境統計集」より筆者作成。
注　：単位は万トン。

る。対象となるのは年間100トン以上の食品廃棄物を排出する食品関連事業者である。複数の事業所をもつフランチャイズ・チェーンなどは、チェーン全体の排出量で対象事業者かどうかが判断される。事業者は、食品廃棄物の発生抑制について優先的に取り組み、発生してしまう廃棄物については再生利用や減量化（脱水など）に取り組むこととしている。食品リサイクル法の下では、複数のリサイクル手法が目標達成の手段として認められており、リサイクルを実施する事業者はそれらの中から経済性その他の条件のもとで方法を選択することになる。一方で、家庭系の食品廃棄物については、食品リサイクルの目標や義務などは設定されていない状況にある。

資源として食品をとらえると、人間の食べ物であるから動植物にとっての栄養を含み、かつ有機物が多いことからエネルギー源にもなり得る。ただし、水分が多いことから腐敗がしやすく、かつそのままでの直接の燃焼が難しい資源であるといえる。また、排出源によってその成分は大きく異なる。このような性質を持つ食品廃棄物のリサイクル方法にはどのようなものがあり、どの方法をとるのが望ましいのだろうか。ここでは、食品リサイクルに用いられるいくつかの再資源化手法を紹介したうえで、各手法の比較を行うこととする。

2 作物の栄養に変える――肥料化

農地の土壌に散布するための肥料にリサイクルする肥料化の中でも、「堆肥化」が食品のリサイクルとしてよく行われている。堆肥化は、微生物により廃棄物中の有機物を発酵分解させ、安定した性質の堆肥とすることである。水分、温度、成分などの条件を整えたうえで、堆肥舎内に堆積し、定期的に攪拌（切り返し）を行いながら空気を送り込み、空気のある環境を好む微生物（好気性微生物）によって発酵させることが一般的である。空気を送り込むことで、いわゆる腐敗に近い発酵（嫌気性発酵）を防ぐことができる。

図 02-1　堆肥化施設の一例

出所：筆者撮影。

食品などの有機物をそのまま畑などに散布すると、土壌中の微生物が急速に増殖することによって肥料成分である窒素が微生物に利用され、作物が利用できなくなってしまう場合がある（窒素飢餓）。堆肥化を行い有機物をある程度分解することで、窒素飢餓を防ぎ、かつ発酵による熱で病原菌や雑草種子などを死滅させることができ、土壌に悪影響を及ぼさない資材を作ることができる。作物に必要な主要栄養素は「窒素、リン、カリウム」とされている。食品廃棄物は、その排出源によってその成分は大きく変動するが、たとえば家庭からの食品廃棄物はそれらの成分をバランスよく含んでいる。また、堆肥中の有機物は、土壌の物理的な性質を改善し、耕しやすく、水はけ（あるいは水もち）のよい土壌をつくることにつながる。

食品廃棄物の性状が排出源によりさまざまであることを反映して、作られた堆肥の成分も大きく変動する。堆肥を使用する際にはその成分を把握し、過剰な施肥にならないように注意しなければならない。

3 家畜の栄養に変える——飼料化

飼料化は、食品廃棄物から家畜にとって嗜好性と栄養面の条件を満たし、かつ保存性の良い飼料を製造することである。人間が食することのできる食品ロスは、基本的に飼料への適性があるが、飼料として利用する際には保存性が問題となる。飼料化には主に乾燥によるもの、乳酸発酵によるもの（サイレージ）、水と混合し液状に調製したもの（リキッドフィーディング）がある。**表 02-2** は、それぞれの飼料化手法の比較である。それぞれ主に

表 02-2　飼料化手法の比較

	乾燥処理	サイレージ	リキッドフィーディング
方　法	高温蒸気などで乾燥させる	発酵させる	原料と水を混合しスープ状にする
原　料	厨芥など	ビールかす・とうふかすなど	厨芥など
対象家畜	牛・豚・鶏	牛	豚

出所：筆者作成。

原料になる食品廃棄物の種類や対象畜種、あるいは必要な設備が異なる。日本の畜産農家では、トウモロコシ等の穀物をベースに家畜の必要な栄養素を満たすように各種原料をブレンドした配合飼料が用いられることが多い。食品廃棄物を原料とした飼料を用いるときは、必要な栄養素を満たすよう飼料給与の設計を行う必要がある。

農林水産省によると、日本では食料自給率が2019年で38%と諸外国のなかでも比べ低い水準にあり、問題となっている。一般的に食料自給率の値はカロリーベースで示される。同年において畜産物の62%（カロリーベース）は国産であったが、食料自給率では飼料の自給率を反映して算出されるため、畜産物の食料自給率は15%にとどまる。食品リサイクルによる飼料化は、低迷する食料自給率の向上にもつながるといえる。

4 エネルギー・素材に変える――メタン発酵・エタノール化など

食品廃棄物をエネルギーとして利用する方法もある。それ自体は水分が多いため、燃えにくく、水分の蒸発に必要な熱量を考えると燃やした際に発生する熱量は多くはない。しかし、それ以外の方法でエネルギーを得る方法はある。食品廃棄物のエネルギー化で最も一般的に行われているのは「メタン発酵」である。

メタン発酵は、食品廃棄物中の有機分をメタン生成菌などの微生物の作

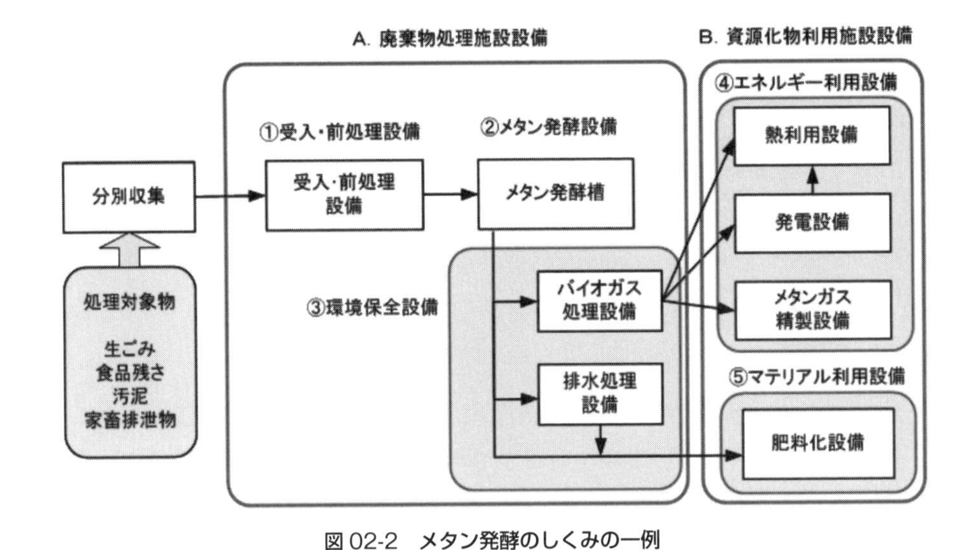

図 02-2　メタン発酵のしくみの一例

出所：環境省ウェブサイト https://www.env.go.jp/recycle/waste/biomass/technical.html

用により空気の供給のない（嫌気的な）環境で発酵させ、メタン（CH_4）を主体とするバイオガスを生成・回収する技術である。主要な処理方法である湿式メタン発酵では、食品廃棄物に水を加え、タンクの中で微生物の働きやすい一定の温度（たとえば40℃程度）に保温し、発酵を促す。発生したバイオガスは、タンクホルダーに集められ、発電用やその他の燃料として利用される。主成分であるメタンは、都市ガスの主成分でもあるため、精製後都市ガスと混合して供給される事例もある。また、この方法では発酵後、消化液と呼ばれる発酵残渣が残る。この消化液は肥料として活用することができるが、利用のための条件が整わない場合は排水処理を行い放流される場合もある。

メタン発酵以外にも、食品残渣を発酵させエタノールを生成し、これを燃料として活用する方法も実用化されている。製造される生物由来のエタノール（バイオエタノール）は、主にガソリンと混合して自動車燃料に利用されている。

そのほかにも、食品廃棄物を加工し、素材あるいはその原料として活用する方法もある。たとえば、食品中の有用成分を回収する方法として、魚のアラからの魚粉や魚油の製造、ホタテ貝の殻に含まれるカルシウムの利用などが挙げられる。それ以外にも食品廃棄物を炭化させ炭として利用する方法もある。また、食品廃棄物からプラスチック原料を抽出し利用する技術も研究開発がなされている。

5 リサイクルに取り組むべき優先順位は？

ここまで述べたように食品廃棄物のリサイクルにはさまざまな方法がある。それではどの方法を用いるのが望ましいのだろうか。それは排出される廃棄物の性質、コストやリサイクルの実施場所や再生品の需要の立地など、さまざまな条件によって異なるが、一般的には飼料化、エネルギー化、堆肥化の順に望ましいと考えられている。飼料化は他のリサイクル方法に比べより高い付加価値が得られる代わりに、要求される品質（必要な分別

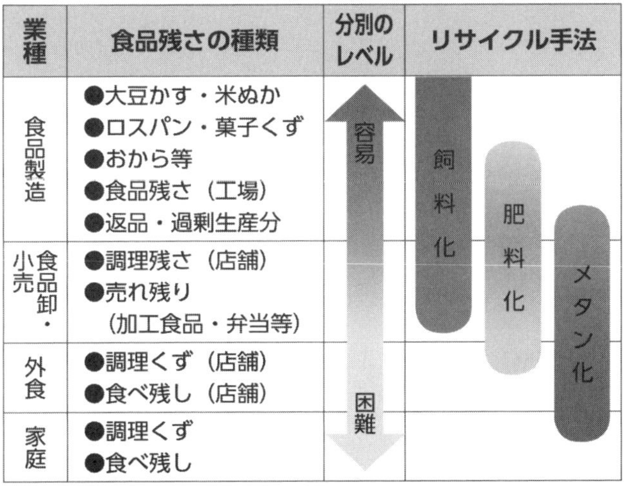

業種	食品残さの種類	分別のレベル	リサイクル手法
食品製造	●大豆かす・米ぬか ●ロスパン・菓子くず ●おから等 ●食品残さ（工場） ●返品・過剰生産分	容易	飼料化 肥料化
食品卸・小売	●調理残さ（店舗） ●売れ残り （加工食品・弁当等）		メタン化
外食	●調理くず（店舗） ●食べ残し（店舗）	困難	
家庭	●調理くず ●食べ残し		

図 02-3　業種や分別レベルと適用可能な再資源化方法

出所：農林水産省「平成 24 年度食料・農業・農村白書」。

の程度など）が他のリサイクル方法よりも高い（図02-3）。そのため、可能であれば飼料化での可能性を検討すべきであると考えられる。またエネルギー化も同様に付加価値がより高く、エネルギーを取り出した残渣を肥料利用することも可能であるから、より優先順位が高いと考えられている。ただし、これは原則であり、個別のケースにおいてどの方法が望ましいかは、それぞれの条件をもとに判断する必要がある。（吉川直樹）

◆考えてみましょう

- 家庭からの食品廃棄物のリサイクル事例（市町村による収集や、家庭での再資源化）を調べ、その方法が受け入れられる条件や、普及を進めるための方策について考えてみましょう。
- あなたが食品関連事業者の食品廃棄物担当であったとします。自社の食品廃棄物のリサイクル方法を決めるときに、どのような条件を優先して検討するでしょうか。

◆引用文献

農林水産省ウェブサイト「食品リサイクル法」 https://www.maff.go.jp/j/shokusan/recycle/syoku_loss/161227_6.html

◆さらに勉強したい人のための参考文献

阿部亮（編）『食品循環資源最適利用マニュアル』サイエンスフォーラム、2006年。

田中信壽、他『リサイクル・適正処分のための廃棄物工学の基礎知識』技報堂出版、2003年。

コラム２　賞味期限の呪縛

賞味期限は、食品としての安全性を保証する消費期限とは異なり、期限を過ぎたらすぐに食べられなくなるわけではない。日本の食品業界には長年にわたり通称「３分の１ルール」と呼ばれる商慣習があり、常温流通される加工食品（主に清涼飲料、菓子、カップ麺等）について製造後の賞味期限が12カ月の食品の場合、メーカーは製造から４カ月以内の商品しか納品できず、小売店では賞味期限まで４カ月以上ある商品しか販売できない。さらには、賞味期限が少しでも長い商品を選んで購入する消費者が多いという調査報告もあり、まだ十分に食べられる食品が店頭で売れ残り続けた結果捨てられるという負のサイクルから抜け出すことがなかなかできない。消費者の賞味期限への過度のこだわり、それに応えようとする食品流通セクター全体の構造的な問題ともいえる。

この「３分の１ルール」は、政府が見直しを要請し始めており、スーパーマーケットなどで、納品期限を延長したり、賞味期限の年月日表示を年月表示に変更したりするなどの動きがある。また、賞味期限の近い弁当や総菜類の値引き販売を行わず売れ残りを廃棄するという商習慣に固執していたコンビニエンスストアも、賞味期限が切れる直前に消費者向けポイント還元の形で実質的に値引き販売することを試みている。さらには、賞味期限前の未使用食品を集めて福祉施設や生活困窮世帯に配る「フードバンク」活動を支援する自治体も増えている。フードバンク発祥の米国では、寄付した食品で衛生上の問題が起きても寄付者側が責任を問われない仕組みも導入されている。

（天野耕二）

File 03

ロスを減らすニュービジネスの芽

余らせずに必要なところに届けるしくみはないのか?

キーワード

食品ロス
●
需給のマッチング
●
食品の保存性
●
需要予測
●
3R

イントロダクション

File 02では、発生した食品廃棄物のさまざまなリサイクル方法を学びました。しかし、食品廃棄物を減らすためには、できるだけ食品ロスを発生させないことが最善です。食品ロスを防ぐためにはどのような方法があるのでしょうか。現在、さまざまな企業がこの問題に取り組んでいますが、それは単なる環境配慮だけではなく、新たなビジネスにもつながっていきます。

用語解説

ESG投資
従来の投資において考慮されてきた企業の財務情報に加えて、環境(Environment)・社会(Social)・ガバナンス(Governance)要素を重視する投資のこと。環境問題や人権問題等の課題に関わる企業情報(非財務情報)の開示や取り組みを評価し、これらに積極的な企業に対し重点的に投資を行う。

1 食品ロスを削減するには？

世界で食品ロスが問題視されている背景は、ただその量が多いということだけでなく、過剰な食料の生産が環境的にも経済的にも大きな損失につながるということはすでに学習した（File 01）。リサイクルは、食品ロスや非可食部の廃棄による影響を小さくすることはできるが、ロスに由来する過剰な食料生産を回避することはできない。ごみを減らすための取り組みを表す言葉として「3R」がある。これはリデュース（Reduce：発生抑制）、リユース（Reuse: 再利用）、リサイクル（Recycle: 再資源化）の３つの頭文字をとったもので、まずごみの発生量を減らす、ごみになりそうなものは再利用する、ごみになってしまったものは再び資源とすることで、環境や経済への影響を少なくするものである。ごみになってしまったものをリサイクルする前に、ごみを減らすべきであるという考え方のもとで、３つのＲもこの順番で優先的に取り組むべきであるとされている。食品ロスも同様であり、リデュースやリユースに相当する、食品ロスを減らすことや食品ロスになりそうな可食部を食品として活用することがまず求められる。そのためには、食品ロスが発生する原因を把握したうえで、それに対する対応を取らねばならない。

食品ロスはサプライチェーンのあらゆるところから発生する可能性があるが、その発生源は家庭系と事業系に大別できる。事業系では、その業種・業態によって食品ロスの発生する原因・傾向に大きな違いがある（小林富雄『食品ロスの経済学』）ことから、現場レベルでとるべき対策は千差万別である。食品製造、卸売、流通における食品廃棄物の発生要因には製造工程の改善が必要なものや商品の破損など突発的事象によるものなども含まれるが、欠品対策・返品・売れ残りなど需要と供給のミスマッチによるものも多い。このような食品ロスの発生要因や発生のタイミングに着目すると、食品関連事業者が取り組む食品ロス削減のための対策は、以下のように大

技術的な対策	需給面の対策
保存性向上 ・食品包装の改良 ・冷蔵・冷凍技術の改良 ・保存性を高める食品加工	**計画改善** ・AI等による需要予測 ・商習慣の見直し ・季節商品の予約販売 ・商品分量の工夫
工程改善 ・選別技術の改良 ・規格外品の削減 ・輸送時の商品保護技術 ・生鮮品から冷凍品への食材変更	**マッチング** ・売れ残り商品のシェアリング ・フードバンク ・ドギーバッグ ・未利用食品の再流通

図 03-1　食品ロス削減対策の分類例

出所：筆者作成。

別できると考えられる。

①　ロスの出ない製造・輸送・調理工程（工程改善）

②　ロスが出ないように計画し生産する（計画改善）

③　必要なところに届ける（マッチング）

④　保存性を高める

また、これらの対策には、新規技術の採用や供給側のオペレーションの工夫のみによって実現するものと（技術的な対策）と、消費者など需要者と供給者の両方の行動変化によって実現できる対策（需給面での対策）がある。**図 03-1** に対策例を示す。もちろん、複数の分類にまたがる対策もありうる。

ここでは、筆者による以上の分類に従って対策の意義や事例について述べる。

2 ロスの出ない製造・輸送・調理工程（工程改善）

事業系の食品ロスには、需要（消費者など）の動きによらず供給側の原因のみによるロスの発生がある。たとえば、食品加工の工程で発生してしまう可食部のロスや、輸送・流通時の商品の汚破損、調理時の過剰除去、外食におけるオーダーミスなどである。

これらのロスは工程の改善によって削減できる可能性がある。たとえば、ニチレイフーズは、鶏肉加工品に時々発生する「硬骨」の混じった製品の除去にAI（人工知能）を活用して選別効率を上げ、ロスを削減する取り組みを行っている。同社が用いるX線検査は、肉の形状や重なりによっては骨のない鶏肉を誤検出することがあり、ロスの原因となっていた。X線検査器にAIによる画像認識技術を加えることにより、検出精度を向上させる取り組みである。このような食品製造業の製造時や検査時においてロスの削減を目指す取り組みのほか、輸送時のロスを削減する梱包材の開発・使用や、業務用食材においてロスの出やすい生鮮品を避け、冷凍品や加工品に変更することなども考えられる。

3 ロスが出ないように計画し生産する（計画改善）

食材や食品を提供する業態の多くは、消費者などの需要者が購入する前にあらかじめ原材料を仕入れ、提供のために準備をしておく必要がある。仕入れと需要の間でミスマッチが起こると、問題が生じる。仕入れより需要が多ければ、商品が品切れとなり販売機会のロスが発生する。一方で需要よりも仕入れが多ければ、余剰分は廃棄され、食品ロスが発生することになる。このような需要と供給のミスマッチを、需要の予測や仕組みの改善、提供方法の工夫によって解決していく必要がある。

需要予測の事例としては、日本気象協会が気象ビッグデータを活用した季節商品の需要予測を「商品需要予測事業」として始めている（図03-2）。日単位・週単位・月単位のシミュレーションを、たとえば冷ややっこ用豆腐の日単位の需要の変化や、冷やし中華用つゆの生産量調整に活用し、メーカーにおける製造後の廃棄削減の実績を挙げている。

その他にも、「3分の1ルール」（コラム2参照）の緩和や、小売業におい

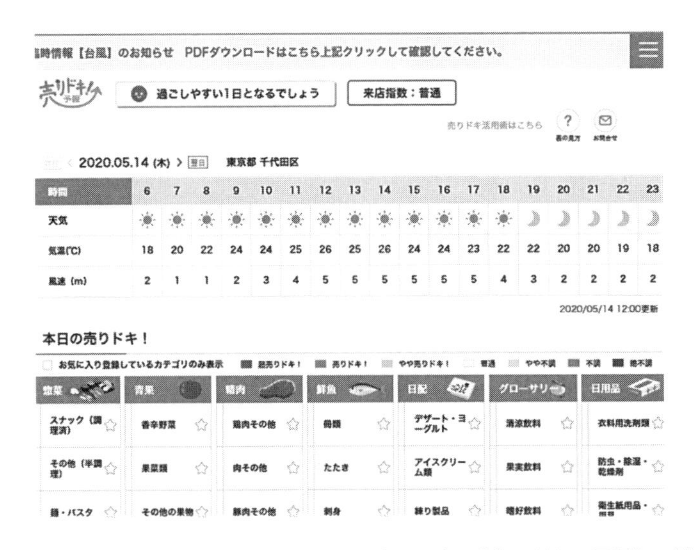

図 03-2　小売事業者向け商品需要予測サービス「売りドキ！予報」の例

出所：日本気象協会 https://ecologi-jwa.jp/service/retail/

て季節商品を予約販売に切り替え、販売時のロスを未然に防ぐことも対策として行われている。また、外食における食べ残しの回避策として、分量の少ないメニューを用意しておくことも、需要とのミスマッチを防ぐ策の1つであるといえる。

4 必要なところに届ける（マッチング）

事前にロスの出ないように計画をしていても、すべての食品ロスが防げるとは限らない。食品ロスが発生しようとする段階において、その食料を他で利用することができれば、無駄な可食部の廃棄を防ぐことができる。

このような場面はコロナ禍において特に注目され、さまざまな新しいサービスが開始され、また脚光を浴びることになった。たとえば、飲食店でのキャンセルや売れ残りによりロスが見込まれる際に消費者とのマッチングを行い、割引価格でテイクアウト販売する「フードシェアリング」アプリ（たとえばコークッキング「TABETE」など）や、賞味期限間近など、通常の流通ルートでは販売困難な商品を取り扱う通販サイトなども開設（クラダシの「KURADASHI」など）されている。また、業務用向けでは、食品工場から廃棄される賞味期限内の食品を買い取り、再流通させる事業や、賞味期限の近づいた企業の災害用備蓄食品を買い取り販売するサービスも登場している（図03-3）。

商品の品質に問題ないものの市場流通ができなくなった商品の寄付を受け、福祉施設等に届けるフードバンク活動も、食品ロスになる手前の食品を新たな需要者に届けるという点では上記と共通している。フードバンクでは、食品ロスの削減と社会貢献を同時に実現しているといえよう。また、飲食店で食べきれなかった食品を容器に入れて持ち帰る「ドギーバッグ」は、食品ロスになるはずだった食品が場を変えて新たな場所で活用されると解釈することもできる。

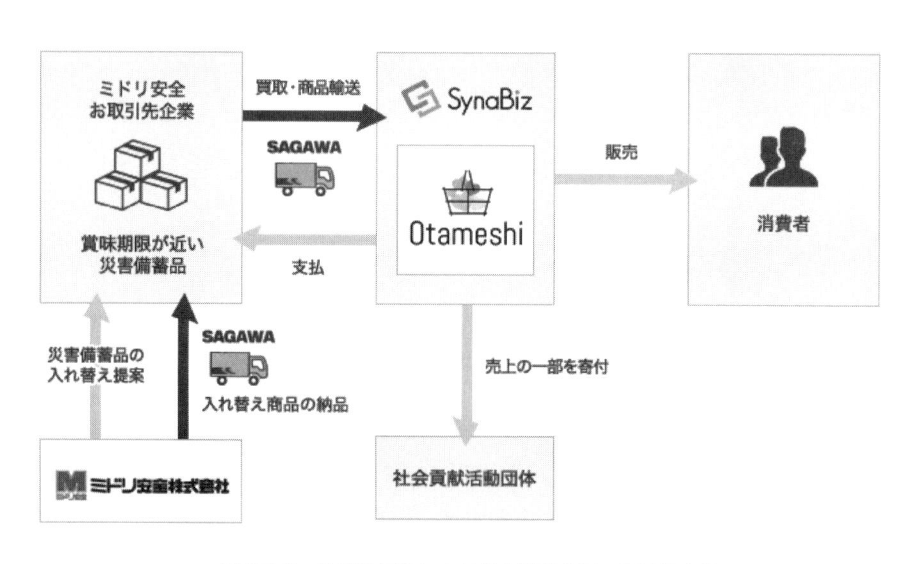

図03-3　佐川急便らによる災害備蓄食品の再流通事業

出所：佐川急便ウェブサイト

これらの方策はいずれも食品ロスが発生するその場において、売り手と買い手、需要者と消費者を結びつけることで、食品ロスの削減と新たな価値を創出する可能性がある手段であるといえる。

図 03-4　真空スキンパック

出所：イオン株式会社ウェブサイト。

5 保存性を高める

ここまでは食品のサプライチェーンにおいて、食品の余剰が発生する状況を減らすことや、ロスになる食品を活用するかについて方策を主に紹介してきた。一方で、食品そのものの保存性を向上させれば、需要と供給のミスマッチによるロスは発生しにくくなる。食品の保存性と高める試みは、たとえば食品の容器包装の技術開発による賞味期限の延長（**図 03-4** イオンの真空スキンパックなど）、常温で長期保存できる商品の開発（森永乳業の「のむヨーグルト」など）等が考えられる。また、果物や野菜を、生産量の多い年にジュースや缶詰、乾燥品などに加工して保存性を高め、需給を調整することは長年行われている。

食品の賞味期限の延長は、最終需要者、とりわけ家庭での食品ロスに寄与できるものとされている。ただし、実際にどの程度効果があるかについては消費者の食品管理の技術に大きく依存するため、その定量化は容易ではない。とはいえ、食品製造業が食品ロスの約半分を生み出す家庭系での対策に貢献できる手段であることは間違いない。

6 ビジネスとしての食品ロス削減の可能性

食品ロス削減対策をビジネスとしての観点から考えると、既存企業にとっては収益性向上の機会となる。企業にとっては、食品ロスの発生は仕入れを無駄にすることであり、かつ廃棄費用を発生させることである。そのため食品ロスの増加は、特に利益率の低い小売業などにとって経営への負担となりうる。一方で、食品ロスの削減を狙うあまり仕入れを絞りすぎると、機械ロスの損失となり利益の逸失につながる。需要予測の高度化や製造工程の改善といった対策は、対策に必要な費用との兼ね合いもあるが、基本的には売り上げを減少させずコストを低減する、企業の収益性を高めるという狙いと整合的であるといえる。また、近年、環境（environment）、社会（social）、企業統治（governance）へ配慮している企業に重点的に投資を行う「ESG投資」が世界的に増加している。そのため、企業が環境への取り組みに対し説明責任を果たす重要性が高まっている。食品ロス削減は、特に多くの食品廃棄物を排出している企業にとっては、説明責任を果たし、ESG投資を呼び込み、もしくはESG投資の対象から外れないようにするためにも継続的に取り組みを行っていく必要があるといえよう。

また、食品ロスの削減は、社会的起業のテーマとしても関心を集めている。特にマッチングの分野においてスタートアップの進出が著しい。社会的課題を解決しつつ、食品ロスが問題となっている事業者と連携することによりビジネスとしても成立しうる食品ロス削減は、今後も多様なアプローチでの参入が見込まれるであろう。（吉川直樹）

◆考えてみましょう

- 食品ロス削減ビジネスは、廃棄費用の削減だけでなく、売り上げの向上やサービスの改善、環境負荷削減などさまざまな効果を生み出す可能性があります。**図03-1**で挙げたような対策を例に、関係する主体（取組企業、消費者、地域社会など）にとってどのような効果が期待されるか考えてみましょう。
- 本章で述べた取り組みは、ほとんどが事業系の食品ロス削減に関するものですが、家庭系の食品ロスについてはどうでしょうか。家庭での食品ロス削減にどのように企業が貢献できるか考えてみましょう。

◆引用文献

小林富雄『食品ロスの経済学』農林統計出版、2015年

◆さらに勉強したい人のための参考文献

農林水産省ウェブサイト「新技術を活用した食品ロス削減に効果的なビジネス」https://www.maff.go.jp/j/shokusan/recycle/syoku_loss/business.html

畑中純一、松井 真理子「日本におけるフードバンクの現状と新たな可能性」『四日市大学論集』33 巻 1 号、pp. 77-94、2020年

中野俊夫、吉開朋弘「需要予測の精度向上・共有化による省エネ物流プロジェクト」『日本エネルギー学会機関誌えねるみくす』、96 巻 3 号、pp. 254-258、2017年

コラム3　カーボンニュートラル（炭素中立）

フランスのパリで2015年に開催された第21回気候変動枠組条約締約国会議（COP21）で採択された気候変動抑制に関する多国間の国際的な協定であるパリ協定では、産業革命前からの世界の平均気温上昇を2℃未満に抑え、さらには平均気温上昇1.5℃未満を目指すことが謳われている。また、各国が温室効果ガス排出の削減目標を作成・提出・維持する義務と、当該削減目標の目的を達成するための国内対策をとる義務を負っている（目標の達成自体は義務とはされていない）ことが特徴である。

これを受けて、各国が21世紀半ば（2050年）頃を目途に、温室効果ガス排出を実質ゼロにする目標を打ち出し始めている。この「排出を実質ゼロに」というのが、排出される温室効果ガスと吸収される温室効果ガスが同じ量になるというカーボンニュートラル（炭素中立）を意味している。

類似の概念として、事業活動において避けられない温室効果ガスの排出について、排出量に見合った温室効果ガスの削減事業を行う等により排出される温室効果ガスを埋め合わせるというカーボンオフセットという考え方もあるが、カーボンオフセットを突き詰めて、排出量の全量をオフセットすることがカーボンニュートラルを実現することになる。

最もシンプルな例としては、植物を燃やして二酸化炭素を発生させても、排出される二酸化炭素の中の炭素は植物が成長過程で光合成により二酸化炭素として吸収したものであることから、植物由来の燃料エネルギー利用は大気中の二酸化炭素総量を増やさないというものがある。厳密には、植物の栽培、伐採、製造・輸送などのライフサイクル全体で総排出量をカウントして、これら総排出量を全て吸収するだけの植物生産が成り立つことでカーボンニュートラルが維持される。（天野耕二）

File 04

マイクロプラスチックの静かな蓄積

毎週、クレジットカードを1枚食べている？

イントロダクション

キーワード

プラスチック
●
容器包装
●
シングルユース（使い捨て）
●
海洋ごみ
●
マイクロプラスチック
●
マイクロビーズ
●
合成繊維
●
化学物質

経済成長を大きく上回るペースで消費量が拡大しているプラスチック。便利な暮らしになくてはならない「奇跡の素材」がいつのまにか目に見えない形で人間の体にも影響を与える存在になりつつあるようです。プラスチックの30～40％は容器包装に使われていますが、その多くが1回きりの使い捨て利用で、わずかな時間でプラスチックごみになっています。

用語解説

マイクロプラスチック
河川などを経て海に流れ出したプラスチックごみが、波の力や太陽から降り注ぐ紫外線によって直径5mm以下の破片や粒子になったもの。英語では、プラスチックデブリ（debris：欠片、破片などの意味）という用語も使われている。

1 消費拡大が止まらないミラクル・マテリアル

石油からつくるプラスチックはもともと「奇跡の素材（ミラクル・マテリアル）：安価で軽量、そこそこ丈夫な素材」として開発が進められ、1950年代頃から大量に生産・消費されるようになり、容器包装、衣類や工業製品などに幅広く使われている。食品を安全に保存し運搬するという目的において、プラスチックは人間の生活水準向上に大きな貢献をしてきた。

Geyerらが2017年に発表した研究によると、世界のプラスチック生産量（合成樹脂と合成繊維の本体のみ、添加物を除く）は1950年の200万トンから2015年で約4億トンという急激な増加を遂げており、1970年から2015年までの40年あまりで世界のGDPは3倍になっている一方で、世界のプラスチック生産量はおおよそ10倍となっていて、経済成長を大きく上回るペースでプラスチックの消費が増えていることがわかる（**図04-1**）。1950年から2015年にかけての累積生産量は78億トンに達するが、このうち半分の39億トンは2003年以降の最近13年間で生産されている。

プラスチックについては、各種添加物（安定剤・可塑剤（柔軟性を与えたり、加工をしやすくするために添加する物質）・色素・その他の意図せざる不純物など）の安全性も懸念されている。これらの添加物を含めると、1950年から2015年にかけてのプラスチック累積生産量は83億トンに達しており、そのうち63億トンがごみとして廃棄されたことが推計されている。ごみになった63億トンのうちリサイクルされたのは9%で、12%が焼却処分され、79%は埋め立て処分されたり自然界にそのまま捨てられたりしていたとされている。このままでは、2050年にプラスチックごみ蓄積量は330億トン（合成樹脂および合成繊維310億トン、添加物20億トン）に達し、このうちリサイクルされるものは90億トン、焼却処理されるものが120億トン、埋め立て処分されたり自然界にそのまま捨てられたりするプラスチックごみが120億トンにも達することになる。

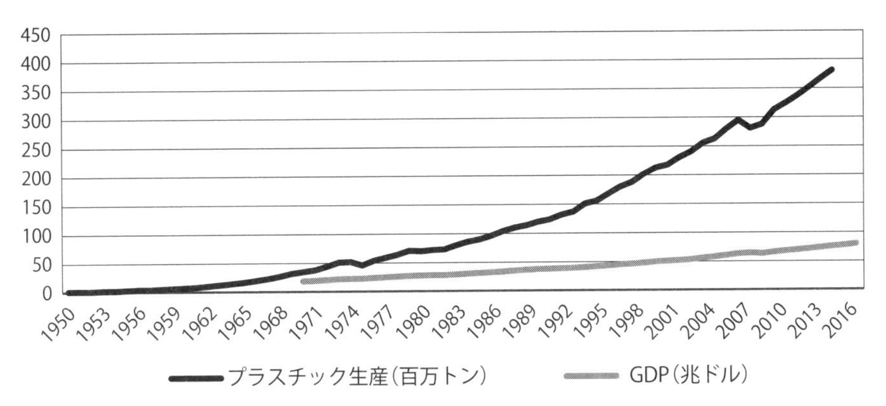

図 04-1　世界のプラスチック生産と GDP（地域内総生産の世界合計）

出所：Geyer らの研究報告および国際連合（UN）National Accounts - Analysis of Main Aggregates（AMA）より筆者作成。

2 プラスチック容器包装というあまりに大きな存在

世界中で生産されたプラスチックの 30 ～ 40% は容器包装に使われており（**図 04-2**）、その多くが 1 回きりの使い捨て利用（英語では一般的に single use plastic といわれる）であり、わずかな時間でプラスチックごみになる。プラスチックごみは自然界ではなかなか分解されず、長期間にわたって自然環境に蓄積されていく。プラスチックごみの半分近くが容器包装プラスチックごみで、年間発生量を人口 1 人あたりで見ると、アメリカに次いで中国、EU、日本の排出量が 30 ～ 40kg 超（500mℓ PET ボトル換算で千数百本ほど）と目立っている。容器包装プラスチックごみのうちリサイクルされているのは 14% で、焼却処理（熱回収を含む）が 14%、埋め立て処分が 40%、残り 32% が自然環境中にそのまま捨てられている。他の素材と比べてみても、紙が 6 割前後、鉄が 8 割前後の割合でリサイクルされていることから、プラスチックのリサイクル率は未だきわめて低いといえる。

使い捨てのプラスチックバッグ（レジ袋など）は世界中で年間 1 ～ 5 兆枚

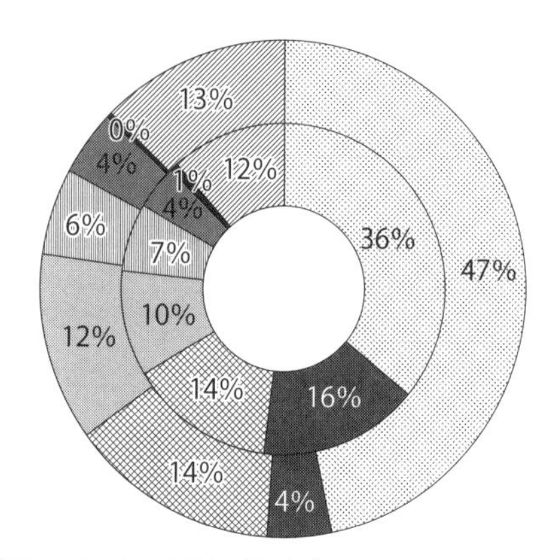

図 04-2　プラスチックの用途別生産内訳（内側）と廃棄内訳（外側）

出所：Geyer らの研究報告より筆者作成。

ぐらいが消費されることが推計されている。使い捨てのプラスチックバッグ 1 枚を切り拡げた面積を仮に $0.2m^2$（40cm × 50cm）とすると、年間 5 兆枚で 100 万 km^2（1 兆 m^2）が包めると考えて、世界の陸地（約 1.5 億 km^2）を 150 年ほどで覆ってしまうことになる。

容器包装プラスチックの普及により、食品の衛生的な保存や輸送効率の向上が進んだが、プラスチックの生産拡大傾向がこのまま続くと、地球温暖化に関わるパリ協定の目標である「産業革命以降の気温上昇 2℃未満」を達成するときの上限である 2050 年の温室効果ガス排出量の約 15%をプラスチックの生産および焼却時の排出が占めると試算されている。このとき、世界の石油消費の約 20%（2014 年では 4 ～ 8%、原料と製造エネルギーが半々）がプラスチックの生産に使われることになる。

3 海はプラスチックのスープになるのか？

Jambeck らの研究（2015）では、2010 年、海岸線を持つ 192 カ国において 2.75 億トンのプラスチックごみが発生し（約 1 億トンが海岸から 50km 以内の地域から発生、うち約3200万トンが適正に処理されていない)、このうち480万トンから1270万トンが海洋に流出していると推計されている。このような海洋プラスチックごみの主要排出源は東アジア地域および東南アジア地域であり(推計流出量上位10カ国のうち6カ国からの流出量は265万トンから708万トン)、その多くが中所得国で廃棄物管理の社会資本形成が遅れていることから、開発途上国を含む世界全体の課題として対処する必要がある。

イギリスのエレンマッカーサー財団が2016年1月の世界経済フォーラム年次総会(通称「ダボス会議」)に合わせて発表した報告書「The New Plastics Economy Rethinking the future of plastics」によると、プラスチックごみは年間800万トン以上が海に流れ込んでいるとされ、世界中の海洋には約1.5億トンのプラスチックごみが漂っている。このまま何の対策もとらなければ、海洋に漂うプラスチックごみの重量は2025年に2.5億トンを超え、2050年には魚の重量を上回るともいわれている。特に、容器包装プラスチックの3分の1が適正な処理をされず、海洋など自然生態系に影響を与えていることが指摘されており、世界中の海岸で収集されたごみの62%が容器包装プラスチックだという報告もある。アジア太平洋経済協力会議(APEC)は、プラスチックごみによる海洋生態系への被害金額が(観光業、漁業、海運業などを通して)年間130億ドルにも上ると推計している。また、世界中の海洋に漂う約1.5億トンのプラスチックごみのうち、おおよそ2300万トン(プラスチック総量の15%)が各種添加物であることも懸念されている。

4 すくいとることも難しい マイクロプラスチックという厄介な廃棄物

プラスチックごみが河川などを経て海に流れ出すと、波の力や太陽から降り注ぐ紫外線によってマイクロプラスチックと呼ばれる直径5mm以下の破片や粒子になっていく。英語では、プラスチックデブリ(debris:欠片、破片などの意味)という用語も使われている。Eriksenらの研究(2014)によ

図 04-3　投棄されたさまざまな廃棄物、その多くが使い捨てのプラスチック

出所：https://pixabay.com/ja/

ると、世界全体では直径0.3mm以上のものだけでも5兆個（約27万トン）が海に漂うとされている。最近の研究により、直径0.3mm以下の微細なマイクロプラスチックが多数存在することが明らかにされてきているので、実際には5兆個を大きく超えるマイクロプラスチックが世界の海を漂っている可能性が高い。マイクロプラスチックは有害物質を吸着しやすい性質があり、海洋生物においては、消化器官にマイクロプラスチックが詰まったりプラスチックに付着した有害物質が内臓にたまったりする懸念がある。動物プランクトンがマイクロプラスチック粒子を摂取することも確認されており、それを食べる小魚の体内にプラスチックが取り込まれ、食物連鎖で多くの生きものに蓄積していくことも指摘されている。研究室の実験ではメダカの肝臓が働かなくなったり、がんができたりする報告もあり、人の体内からも見つかるようになってきている。

さらに、マイクロプラスチックはプラスチックごみからだけでなく、化粧品、洗顔料や歯磨き粉などにスクラブ剤（研磨剤）として広く使われている微細なプラスチック粒子（マイクロビーズ）や、プラスチックの原料として使用されるペレット（レジンペレットと称される直径数mmの粒子、プラスチック製品の中間原料）の流出、合成ゴムでつくられているタイヤの摩耗や合成繊維衣料の洗濯等によっても発生している。フリース１着を洗濯すると最大で1900本以上のプラスチック繊維が落ち、海洋で見つかったプラスチック繊維の多くが洗濯による下水に由来している可能性も指摘された。生活排水に含まれる有機物などの汚物は下水処理で９割以上を取り除いているものの、全ては除去できないため一部の合成繊維は海などに流れ出ている恐れがあるという。このような、始めから微細なサイズで発生するプラスチックを一次マイクロプラスチックと呼び、川や海に流れ出してから細かい破片や粒子になっていくプラスチックを二次マイクロプラスチックと呼ぶこともある。いずれにしても、いったん広い海に散らばってしまったマイクロプラスチックは、あまりに小さいが故に回収して適切に処分することが極めて困難な廃棄物として大きな問題になっている。

5 広い海のどこにたまっているのか？詳しい調査は始まったばかり

前述のように、年間数百万トンから一千万トン以上ものプラスチックごみが海へと流れ出していることが推計されている一方で、海の中を漂うプラスチックの量は数十万トンレベルしか確認されていない。プラスチックごみの発生量は、地域の人口や経済の状況、廃棄物全体に含まれるプラスチックの割合など間接的なデータを組み合わせて推計することが一般的で、実際に海に流れ出た量や海の中に漂っている量を正確に実測することは難しい。

磯辺らの研究グループが行った海面浮遊マイクロプラスチックの現存量調査結果（2018）によると、日本近海の東アジア海域においては海面近くの海水1m^{3}あたりに浮遊するマイクロプラスチックの個数は平均3.7個を数え、この値は他の海域と比べて一桁ほど高く、海表面積あたりの浮遊個数に換算しても、世界の海洋における平均値の27 倍に達することが報告されている。さらに、太平洋上での調査結果を潮流などのデータと合わせて解析し、2060 年頃にはマイクロプラスチックの浮遊量が現在の 4 倍になることも予測している。

ただし、多くのマイクロプラスチックは海面を漂ううちに藻類や付着性の甲殻類・貝類が吸着することで比重が重くなり沈んで行き、流出したプラスチックごみの大部分が最終的には海底に沈んでいるともいわれている。マイクロプラスチックのような小さなプラスチックは、植物プランクトンや生物の糞のような膨大な数の粒子状の有機物が包み込むことで凝集してマリンスノーと呼ばれる塊となって海底へ沈んでいく。また、海洋生物に食べられて深海で糞と一緒に排出されることで深層に運ばれることもある。深海で見つかった甲殻類の体内や海の底にある泥の中からもマイクロプラスチックの蓄積が観測され始めていることからも、多くのプラスチックごみが海底に「貯蔵」されつつあることがうかがわれている。

マイクロプラスチックは微細なため大量の海水を採取して調べなければ把握できない。分布など詳しい汚染の実態はほとんどわかっておらず、統一の調査基準も設定されていない。日本では、先行調査を進めながら、2019 年 5 月に「海面から 1 メートル程度の深さを調査対象とする」など調査ルールの提案をしていたが、2020 年からは海洋プラスチックごみの流出量が多いとされる中国やインドネシア、タイのほか、英国やノルウェー、スペインなどを合わせた 10 カ国と協力しながら、海洋でのマイクロプラスチックの計測方法に関する指針の詳細をまとめている。また、すでに調査の行われた日本近海や欧州、米国周辺のデータに他の海域を追加していき、世界の全海域の汚染の度合いを示す地図の完成を目指している。

フランスのタラ・オセアン財団も日本の臨海実験・研究施設の連携組織マリンバイオ共同推進機構と組み、日本沿岸海域のプラスチック汚染調査を始めている。同財団は、2019年、ロンドンやハンブルクなど欧州の大都市を流れる9河川の河口付近や5～10km上流までの区間で3500のサンプルを採取したが、そのすべてからマイクロプラスチックが検出された。陸上の人間活動で生じたプラスチックごみが川をつたって海へ流れる様子を把握できたことから、プラスチックが微細化しながら川を流れ、海に出て行くプロセスを数値モデル化することで拡散予測が可能になり、海洋生物多様性や食物連鎖への影響も明らかにしようとしている。

6 人間はどのくらいプラスチックを食べているのか？

世界自然保護基金（WWF）の報告（No Plastic in Nature: Assessing Plastic Ingestion from Nature to People）によると、人間は1週間にクレジットカード1枚分に相当する5グラムのプラスチックを摂取している可能性がある。最大の摂取源は飲料水であり、たとえば米国では、水道水サンプルの9割からプラスチック繊維が検出され、1ℓ平均では約10本、欧州の水道水サンプルでは、プラスチック繊維検出の割合は7割、1ℓ当たりでは約4本だったとされている。食品では、丸ごと食べることの多い甲殻類の消化器内に入っているプラスチックを食べてしまうことも無視できない摂取源になっている。

Kosuthらの研究（2018）によると、世界13カ国の水道水のほか欧米やアジア産の食塩、米国産のビールに、マイクロプラスチックが広く含まれていた。水道水の検出率は81％と高く、ほとんどは繊維状で繊維製品由来とみられている。欧州、アジア、米国などの産地表示がある市販の食塩12種と、米国で醸造されたビール12種の全てからもマイクロプラスチックが検出され、米国人の標準的な消費量に基づくと、水道水と食塩、ビールから年間5800個のマイクロプラスチックを摂取する計算になる。韓国・仁川大と環境保護団体グリーンピースの研究チームも、世界21カ国・地域から集めた39種の塩のおよそ9割からマイクロプラスチックが検出され、アジアの国で含有量が多い傾向にあることを報告している。

7 息をするだけで体内に取り込まれる「目に見えない運び屋」

繊維状のマイクロプラスチックが化学繊維製の衣服から洗濯などを通じて水や大気に拡散している可能性も指摘されており、空気中に含まれるほこりのようなマイクロプラスチックを体内に吸い込む量のほうが、魚介類を食べることで一緒に摂取するマイクロプラスチックの量よりも多いことを Catarino らが報告している（2018）。Cox らの研究（2019）によると、人は年間 3 万 9000 ～ 5 万 2000 個のマイクロプラスチックを食物とともに摂取している可能性があるが、呼吸で吸い込む量も考慮すれば、その数は年間 7 万 4000 個を超え、飲料水として仮にペットボトル入りの水だけを飲んだとした場合は、さらに増え、その数は 9 万個にも上ることになるという。

このように、人がマイクロプラスチックを摂取する経路は、マイクロプラスチックを含んでいる魚介類を食べる、プラスチック容器包装に入れられた食品に付着したマイクロプラスチックを食べる、空気中に浮遊するマイクロプラスチックを呼吸で吸い込むなど、さまざまな状況が想定される。マイクロプラスチック自体は、人の体内に取り込まれても長期間とどまることなく排出されるものが多いようだが、プラスチックに添加剤として元々含まれている化学物質や、川や海に流れ出た後でプラスチックに吸着してしまう PCB（ポリ塩化ビフェニル）など国際条約で禁止されたが未だに海中に残っている有害化学物質が、生物に取り込まれ蓄積していることが現場観測や室内実験でも確認されており、マイクロプラスチックが化学物質の「運び屋」となっていることに一抹の不安が残る。（天野耕二）

◆考えてみましょう

- 食品の安全衛生面において、プラスチック容器包装は不可欠でしょうか。使った後のプラスチック廃棄物としての問題とのバランスを考えてみましょう。
- 世界的な問題として見たときのプラスチック廃棄物について、開発途上国と先進国ではどのような違いがあるか考えてみましょう。

◆引用文献

高田秀重「マイクロプラスチック汚染の現状、国際動向および対策」『廃棄物資源循環学会誌』Vol. 29 No. 4、pp. 261-269、2018年

磯辺篤彦「海洋プラスチックごみの発生・移動とその行方」『廃棄物資源循環学会誌』Vol. 29 No. 4、pp. 270-277、2018年

Catarino, A. I.; Macchia, V.; Sanderson, W. G.; Thompson, R. C.; Henry, T. B.: Low Levels of Microplastics (MP) in Wild Mussels Indicate That MP Ingestion by Humans Is Minimal Compared to Exposure via Household Fibers Fallout during a Meal. *Environmental Pollution*, 2018, 237, 675-684.

Kieran D. Cox, Garth A. Covernton, Hailey L. Davies, John F. Dower, Francis Juanes and Sarah E. Dudas: Human Consumption of Microplastics, *Environmental Science and Technology*, 2019, Vol. 53, No. 12, pp. 7068-7074.

M. Eriksen, L. C. M. Lebreton, H. S. Carson, M. Thiel, C. J. Moore, J. C. Borerro, F. Galgani, P. G. Ryan and J. Reisser: Plastic Pollution in the World's Oceans: More than 5 Trillion Plastic Pieces Weighing over 250,000 tons Afloat at Sea, *PlosOne*, Vol.9, No.12, e111913 (2014).

Roland, Geyer, Jenna R. Jambeck, and Kara Lavender Law, Production, use, and fate of all plastics ever made, *Science Advances* 19 Jul 2017: Vol. 3, no. 7, e1700782.

J. R. Jambeck, R. Geyer, C. Wilcox, T. R. Siegler, M. Perryman, A. Andrady, R. Narayan, K. L. Law, Plastic waste inputs from land into the ocean. Science 347, 768–771 (2015).

Mary Kosuth, Sherri A. Mason, Elizabeth V. Wattenberg (2018): Anthropogenic contamination of tap water, beer, and sea salt. *PlosOne* 13 (4): e0194970.

No Plastic in Nature: Assessing Plastic Ingestion from Nature to People, 2019, WWF.

◆さらに勉強したい人のための参考文献

保坂直紀『海洋プラスチック　永遠のごみの行方』角川新書、2020年

磯辺篤彦『海洋プラスチックごみ問題の真実』化学同人、2020年

枝廣淳子『プラスチック汚染とは何か』岩波書店、2019年

西尾哲茂『ど～する海洋プラスチック』信山社出版、2019年

File 05

漂流するプラスチックごみ
燃やしただけではだめなのか？

キーワード

プラスチックごみ
●
リサイクル
●
国際取引
●
バーゼル条約
●
熱回収
●
材料リサイクル
●
産業廃棄物
●
静脈産業

イントロダクション

新型コロナウイルスの感染拡大による使い捨てプラスチックの消費拡大により、近年世界で進みつつあった脱プラスチックの大きな流れが止まってしまうことが懸念されています。これまで資源としてプラスチックごみを輸入してきたアジア諸国の受け入れ制限も進み、国境を越えて行き交うプラスチックごみの行き場が失われてきています。

用語解説

静脈産業
天然の資源やエネルギーを消費しながら付加価値を生み出す産業を動物の循環器系に例えて動脈産業と呼ぶのに対して、産業が排出した余剰資源・エネルギーや廃棄物資源・廃熱等を経済プロセスに再投入し循環させることで付加価値を生み出す産業が静脈産業である。

1 コロナ禍で止まるのか、脱プラスチックの流れ

2020年以降の新型コロナウイルスの感染拡大（コロナ禍）がプラスチック分野に影響を及ぼしている。感染防止用のアクリル板、フェースシールド、外出自粛による中食需要増にともなう使い捨てのプラスチック容器やビニール袋の需要が高まり、石油化学メーカーもプラスチック製品の増産を始めた。スーパーマーケットなど小売店舗においても、衛生意識の高まりによりビュッフェ方式で必要な分だけ取って袋や容器に入れていたパンや総菜のプラスチック袋による個別包装が広がっている。また、繰り返し使うエコバッグは洗わなければ不衛生で感染拡大につながるという恐れから、一度は禁止したり有料化した使い捨てレジ袋の使用を衛生面から再度解禁・無料化する国や地域も増えている。

外食を控え宅配を頼んだり、在宅勤務の促進もあって弁当や総菜を購入することや自宅で調理する機会が増える「巣ごもり消費」により家庭から出る弁当容器や食材トレーなどが増えた結果、日本の多くの自治体で2020年上半期（4月～9月）の可燃ごみ排出量が前年同期比で6%～12%程度増えている。

世界的にマスクの着用が一般化して来ているが、使い捨てマスクに使われる不織布の原料の多くはポリプロピレンというプラスチックの一種である。世界の使い捨てマスクの売り上げは2020年、前年の200倍以上の1,660億ドル（17兆円超）にまで達する見込みとの調査結果が報告されている。

新型コロナウイルス感染が流行する直前まで、世界で脱プラスチックの機運が盛り上がっていた。欧州連合（EU）理事会は2019年5月、使い捨てのプラスチック製ストローやフォーク、スプーンなどの流通を2021年までに禁止する法案を採択し、2020年2月のEU首脳会議では、ミシェルEU大統領が再利用できないプラスチックに課す新税（買い物袋など再利用できないプラスチック1kgにつき0.8ユーロ）の構想を披露している。2019年

6月の20カ国・地域首脳会議（G20サミット）や東南アジア諸国連合（ASEAN）首脳会議でも海洋プラスチックごみの削減に向けた共通目標が採択された。

ところが、コロナ禍は使い捨てプラスチックの利点を浮き彫りにし、近年世界で進みつつあった脱プラスチックの大きな流れが止まってしまうことが懸念されている。日本国内では、衛生面などで規制が厳しく再生プラスチックの用途が限られていることに加えて、産業廃棄物のプラスチックごみは家庭ごみのように法令によるリサイクルの義務がないため国内のリサイクル体制の構築が進まず、海外への輸出に依存せざるを得ない。コロナ禍は、物流面の支障などに加えて世界的な経済活動の停滞も引き起こしており、雑貨や家電製品向けなどの原料としての海外の再生プラスチック需要が大きく減少することで、リサイクル向けのプラスチックごみ輸出が滞る事態となっている。さらには、新型コロナ流行で自宅にこもった人々の間で「断捨離」が広がり、リサイクルされないで捨てられるプラスチックごみは増え続けている。

2 どこにいくのか？世界のプラスチックごみ

国境を越えて行き交うプラスチックごみが行き場を失ってきている。2010年代半ば頃まで衣類や再生プラスチック製品の原材料になる「資源」として大量のプラスチックごみを他国から「輸入」してきた中国が2017年末、「汚れたプラスチックごみが河川や海に流れ出し、環境汚染が深刻になった」として輸入を禁止したことが世界のプラスチックごみの流れに波紋を広げている。中国は2017年に年間約700万トンを世界から受け入れており（環境省、平成30年度プラスチックくず等の輸入規制に関する調査検討業務報告書）、中国側の需要に合わせて、人口あたりのプラスチックごみ発生量で世界の上位である米国や日本から約100万トン前後が輸出されていたが、2018年には米国から中国への輸出は約4万トン、日本からも約5万トンに激減した。新たな輸出先に急浮上したのは他のアジア諸国であり、米国はマレーシアに約20万トン、日本も約19万トンをタイに輸出したが、かつて年間150万トン前後を海外に輸出してきた日本の輸出分の全てはまかなえていない（財務省、貿易統計）。

先進国からのプラスチックごみ輸出先としてあてにされた東南アジア諸国にも反発が広がってきており、フィリピンやマレーシアは、受け入れたプラスチックごみを送り返す意向を相次ぎ表明した。2018年以降、タイやベトナムなども輸入制限を打ち出している。加えて、バーゼル条約締約国会議は2019年5月、リサイクルに適さない汚れたプラスチックごみを同条約の規制対象とする改正案を採択した。バーゼル条約は有害廃棄物の定義や輸出入を規定する国際条約で、約180の国・地域が批准している。改正された条約により、2021年1月以降、汚れたプラスチックごみを輸出する際に相手国の同意が必要となっている。

環境省が2020年10月に公表した「プラスチックの輸出に係るバーゼル法該非判断基準」によると、複数のプラスチック樹脂が混合されていない廃棄物については、以下の4つの条件を全て満たすものを規制対象外としている。①汚れが付着していない、②異物が混入していない、③単一の樹脂で構成されている、④リサイクル材料として加工されている。例えば、製品の製造工程から排出されるシート状、ロール状、ベール状のプラスチックは規制対象外となるが、内容物が均一で輸送の際に汚れが付かないように梱包する必要がある。複数のプラスチック樹脂が混合されている廃棄物については、ペットボトル構成物（ボトル、キャップ、ラベル）以外の異物を含まない、汚れが付着していない、裁断されてフレーク状になっているものが規制対象外となる。輸入国の汚染防止やリサイクル品の品質向上の観点から、輸出する廃プラスチックは可能な限り単一のプラスチック樹脂が望ましいが、ラベル等の完全な除去が難しいことから、ペットボトルにおけるわずかな複数素材混合は規制対象外としている。

3 国内に滞留するプラスチック廃棄物

財務省貿易統計によると、廃プラスチックを指す「プラスチックのくず」の日本の輸出量は2017年まで150万トン前後で推移していたが、輸入規制が広がった2018年は101万トンに減少し、2019年も約90万トンまで落ち込んでおり、輸出できなくなった分は国内に滞留しているとみられる。国内で発生する廃プラスチック排出量自体はそれほど変動がなく、年間50万トン前後もの「あふれたプラスチックごみ」が一時保管施設等に山積みされるようになってきている。

プラスチック循環利用協会「プラスチックリサイクルの基礎知識2020」によると、2018年の日本国内の樹脂（プラスチック）製品消費量は1,029万トンであり、使用済み製品の廃棄に生産時や加工時のロスを加えた廃プラスチック総排出量は891万トンであった。排出量の内訳は、一般廃棄物429万トンと産業廃棄物462万トンであり、このうち有効利用量が750万トン（うち、熱回収503万トン）、未利用の廃プラスチック量は142万トン（単純焼却73万トン＋埋立68万トン）であった（**図05-1**、小数点以下四捨五入のため、整数値での合計が合わないところがある）。

熱回収を除く有効利用量のうち、輸出量が2017年末に中国で実施された廃プラスチックの輸入規制強化により大幅な減少を示し、これが未利用の廃プラスチック量142万トン（前年比14万トン増加）に影響している。燃料や衣料品、日用品などにリサイクルされず、焼却もしくは埋め立てによって処理され再利用されなかった未利用廃プラスチック量が前年比で増加するのは2000年以来であり、日本国内のリサイクル施設の整備も即時には対応できず、プラスチック廃棄物の滞留が懸念されている。リサイクル施設の新規整備が望まれているが、人口減少で廃棄物発生量全体としては減少傾向になる日本国内では長期的に収益が見込めないという見方から、リサイクル事業者は大規模な投資に対して慎重な姿勢をとっている。

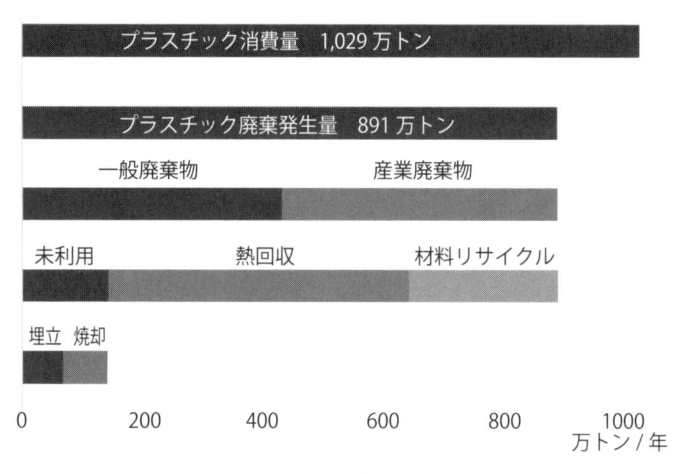

図05-1　2018年における日本のプラスチック消費量と廃棄発生量および廃棄内訳

出所：プラスチック循環利用協会「プラスチックリサイクルの基礎知識2020」より筆者作成。

事業所等から排出される廃プラスチックは産業廃棄物の扱いとなるが、処理が追い付かず廃プラスチックが一時保管施設等に山積みにされる期間が長くなってしまう状況で、電気製品由来の電池が廃棄物に紛れていると、発火して火災を引き起こすケースも出てきている。環境省は、2019年5月、産業廃棄物として排出される廃プラスチックの処分を緊急避難的な対応で一定期間引き受けることを求める通知を全国の市区町村に都道府県を介して送った。しかし、本来は家庭系が中心の一般廃棄物の処理を担う自治体の施設で産業廃棄物の廃プラスチックを受け入れることは廃棄物行政の根幹に関わるような異例の対応であり、地元住民の合意形成を含めて極めて困難であろう。

4 廃プラスチック取引市場の不安定化

輸出という大きな「出口」を失ったプラスチックごみは国内の廃棄物処理の「入口」で滞留して処理が追いつかず、廃棄物排出業者が支払う処理費も上昇している。また、近年頻発している大規模気象災害による災害廃棄物の増加も民間・公共の廃棄物処理施設の逼迫を招いている。

プラスチックごみを受け入れる「静脈産業」の活躍が期待されてきており、セメント産業での廃プラスチック受け入れ量は2018年から2019年にかけて2～3割増え、家庭から出る容器包装プラスチックを熱分解してアンモニアや水素、炭酸ガスを製造する企業も事業系の廃プラスチックを新たに受け入れる検討を始めている。製鉄業は廃プラスチックを引き取ってコークス炉に入れて化学原料やガスなどに再利用しているが、コークスの品質が落ちないように受け入れる原料としての廃プラスチックを厳選している。

このような、熱回収や化学原料での再利用を増やそうにも設備の増強や新設には時間も費用もかかる上に、第1節で述べたように、コロナ禍に伴う使い捨てプラスチック消費量増大も続いていることから、廃プラスチック処理は今後も需給が逼迫する状態が長引く可能性がある。なるべく「新品」の原料を求める業界における再生プラスチック需要はそれほど拡大しておらず、さらには、再生プラスチックを作る過程で出る「残さ（別の産業廃棄物）」の処理費用も上昇しており、廃プラスチックの取引市場は不安定になってきている。

コロナウイルス感染拡大によるエネルギーや工業製品の世界的な需要減少の懸念から2020年4月の原油先物相場は史上初めて価格がマイナスに転じ、原油の売り手が買い手にお金を支払う異常事態となった。このまま原油価格低下傾向が続くと、原油由来プラスチック原料価格が再生プラスチックの価格を下回る事態も想定され、質の劣る再生プラスチックが価格面でも不利を被ることでますますプラスチックごみの行き場が失われていく。

5 熱回収はリサイクルではない？

第2節と第3節で述べたように、中国の輸入禁止により、日本のプラスチックごみ輸出先は他のアジア諸国に移りつつあるものの、他の国においても受け入れ制限が進んできたことから、輸出総量は2017年から40～50万トンも減ってきている。日本が輸出するプラスチックごみの大半は、製品製造段階で発生する端材や洗浄済みペットボトルなど、リサイクルしやすい「きれいなプラスチックごみ」が多い。輸出減少分は国内処理せざるを得ず、RPF（プラスチックごみを押し固めて造る固形燃料）やセメントの原料に回ることになるが、RPFやセメントの業界は従来、中間処理業者が雑多なごみから分別するものの少量の金属などが混入したままの「汚れたプラスチックごみ」を主に引き受けてきた。これが、輸出減少分の「きれいなプラスチックごみ」に押し出される形で、その分の「汚れたプラスチックごみ」は産業廃棄物として焼却処分に回っている。

「汚れたプラスチックごみ」の焼却処理に係る引き受け料金が上昇していることから、積み置きしたまま夜逃げするなど、不法投棄の増加を懸念する声もある。環境省はリサイクル施設の新設に対する補助金の増額に努めており、2019年度は石油石炭税によるエネルギー特別会計から93億円（2018年度から78億円増）を予算化（補助率は2分の1）した。その大半がプラスチックの処理とリサイクルに当てられているが、二酸化炭素の排出削減につながることが条件になっていることが難点となっている。プラスチックごみからペレット（プラスチックの原料）を造り再生プラスチック製品を製造している業者による廃プラスチック破砕処理機の設置補助金申請が「新たに処理機械を入れたらその分電力消費量が増え、二酸化炭素も増える」という理由で認められなかった事例もあった。ライフサイクル二酸化炭素削減量評価手法の検討に加えて、材料リサイクルに重きを置いた柔軟な対応が求められるところである。

図 05-2　熱や電力を回収しても、二酸化炭素の排出を伴う焼却はリサイクルとはみなされない

出所：https://pixabay.com/ja/

第３節に示したように、廃プラスチックの有効利用量 750 万トン（廃プラスチック発生量の約 84%）のうち、熱回収が 503 万トンであり、材料リサイクル（材料に再生されるマテリアルリサイクルおよび化学原料として再利用されるケミカルリサイクル）は３分の１程度に過ぎない。日本では熱回収を「サーマルリサイクル」と呼び廃プラスチックのリサイクルとみなしているが、欧米では二酸化炭素を排出して地球温暖化を促進するとみて熱回収をリサイクル率には算入しない。先の数値に当てはめると、日本の廃プラスチック有効利用率 84% は熱回収を含まない場合は 28% 程度に低下する。海洋プラスチック問題に注目が集まるなか、欧米主導のルール作りが進めば日本の廃プラスチックリサイクルは国際的にも孤立してしまう恐れがある。

（天野耕二）

考えてみましょう

- コロナ禍で増えたと思われる使い捨てプラスチックにはどのようなものがあるのか、それはプラスチックでなければならないのかについて考えてみましょう。

- 使わざるを得ないプラスチック製品について、それが不要になったときにどのような形で処理・処分していくべきなのか考えてみましょう。

引用文献

環境省「平成30年度プラスチックくず等の輸入規制に関する調査検討業務報告書」 https://www.env.go.jp/recycle/yugai/pdf/houkoku_h30.pdf

財務省「貿易統計」 https://www.customs.go.jp/toukei/info/index.htm

一般社団法人プラスチック循環利用協会「プラスチックリサイクルの基礎知識2020」 https://www.pwmi.or.jp/pdf/panf1.pdf

さらに勉強したい人のための参考文献

グリーンピース・東アジア「2016～2018年の世界の廃プラ取引データおよび中国の国外廃棄物輸入禁止措置による他国への影響」 https://storage.googleapis.com/planet4-japan-stateless/2019/05/344da1a2-20190520_bp_pla_waste.pdf

岩田忠久・内田かずひろ『イチからつくるプラスチック』農山漁村文化協会、2020年

File 06

脱プラスチックへの道のり

どこまで減らせる？替わりはないのか？

キーワード

グリーンリカバリー
●
サーキュラーエコノミー
●
プラスチック容器包装
●
プラスチック代替素材
●
バイオマスプラスチック
●
生分解性プラスチック
●
マテリアルリサイクル
●
ケミカルリサイクル

イントロダクション

コロナ禍を経て、グローバル経済一辺倒から分散型・循環型・低炭素型のグリーンリカバリーや、プラスチックの少ない新たな時代の豊かさが求められています。使い捨てのプラスチックを極力減らすこと、できるだけ自然に還りやすい素材に替えること、使ってしまったプラスチックは回収して燃やさないリサイクルに回すことなどが重要です。

用語解説

グリーンリカバリー
新型コロナウイルス感染拡大からの経済復興にあたり、経済政策を優先させるのではなく、気候変動対策をさらに推し進め、生態系や生物多様性の保全を通じて災害や感染症などに対してもよりレジリエント（強靭）な低炭素型で循環型の社会・経済モデルへシフトしていくという考え方。

1 コロナ禍からのグリーンリカバリーとサーキュラーエコノミー

プラスチックが大量に使われている用途の１つが、生鮮食料品の長距離輸送に伴う容器包装である。地元産の食材消費を促進する地産地消や地域内での資源循環により、少しでも短い輸送距離で済ませる「分散型のコンパクトな消費社会」への回帰が進み、プラスチック消費量とともに輸送に伴う食料廃棄やエネルギー消費も減らすことにつながるという議論もある。経済のグローバル化がその一因ともいわれているコロナ禍からの新たな経済構築において、従来のグローバル経済から分散型・循環型・低炭素（化石資源消費が少ない）型の「グリーンリカバリー」を果たすことに大きな期待が寄せられている。

2019年に日本政府が策定した「プラスチック資源循環戦略」では、「2030年までにワンウェイ（一度使用した後にその役目を終える）のプラスチックを25％排出抑制する」、「プラスチックの再生利用を倍増させる」、「バイオマス（植物由来）プラスチックを200万トン導入する」などの定量目標が掲げられている。これは、プラスチック製品を製造・販売・使用する企業、消費者、リサイクル業界まで広く巻き込んだバリューチェーン（経済活動におけるさまざまな価値の連鎖）全体の資源循環を考慮した事業への転換が求められるようになったことに他ならない。

また、プラスチック分野のみならず、従来の「大量生産・大量消費・大量廃棄」という一方通行の経済（線形経済）に代わる、バリューチェーンにおける製品と資源の価値を可能な限り長く保全・維持し、廃棄物の発生を最小化する循環型経済を目指す「サーキュラーエコノミー」の概念が普及しつつある。これは「環境から有限な資源を採取し、使用後の不要物を有限な環境中に廃棄する」という一方通行で持続不可能な経済システムからの脱却ということであり、商品やサービスに係る調達、製造、商品企画、販売、アフターサービス等まで通したバリューチェーン全体で、資源をどのように有効利用、循環させるのかを常に考えるエコノミー（経済）を意味している。例えば、製品を売り切るだけではなく、容器類を回収してリユースまで組み込んだビジネスなどがプラスチック分野では期待されている。

欧州連合（EU）は、新循環経済行動計画（A new Circular Economy Action Plan For a cleaner and more competitive Europe - The European Green Deal）を2020年3月に発表した。この行動計画においては、廃棄物削減目標に基づいた製品政策や消費段階の対策強化が謳われている。容器包装やプラスチックは主要製品バリューチェーンの対象に含まれており、過剰包装と包装廃棄物の削減、包装素材の複雑性（複合度）の改善検討、再生プラスチック含有量に関する必須要件の提案（2025年までにペットボトルのリサイクル材料含有率を25%に引き上げるなど）、バイオプラスチックや生分解性・堆肥化可能なプラスチックの使用に関する政策枠組みの策定などが提示されている。

2 「入れ物」としてのプラスチックをとことん減らす

File 04で述べたように、プラスチックの30～40%が容器包装に使われており、その多くがシングルユース（使い捨て）であることから、「入れ物」としての用途をどこまで減らすことができるかがプラスチックごみ問題解決に向けた第一歩といえよう。世界の大手日用品企業や飲食料品企業は2025～2030年頃までに化石資源由来プラスチックの利用を半減する計画を表明している。

容器包装については、シングルユースから繰り返し使用に回帰する古くて新しいビジネスモデルに注目が集まる。昔ながらの牛乳瓶や一升瓶の再使用（入れ物を洗浄しながら繰り返し使う）システムに倣い、飲食料品や日用品をデザインや機能性を高めた金属製やガラス製の容器に入れて販売し、使用済みの容器を回収して洗浄した上で再使用するサービスを米国のスタートアップ企業が2019年から欧米で始めており、日本の大手企業も2021年から参画している。消費者は最初の購入時に容器代相当の預かり金を払うという、単価が安いシングルユースプラスチック消費をやめて付加価値を高めるビジネス（サブスクリプションと呼ばれる定額課金制サービス）という位置付けで、プラスチックの使い捨てに抵抗感を持つ消費者の関心も高いが、容器の洗浄や返却、商品の再充填に関わる物流の複雑さなどの克服が本格的な普及に向けた課題である。日本国内の大手流通企業においても、2020年12月から弁当や総菜を耐久性の高いプラスチック製容器に入れて販売し、使い終わった容器を販売した店で回収して再使用する実証実験を始めている。

容器包装材としてプラスチックを使わざるを得ない商品についても、プラスチック使用量を極限まで減らす動きが出てきた。日本の大手日用品メーカーが開発した新型の容器は、薄いプラスチックフィルムを重ねて形成する容器の外側2層のフィルム間に空気を入れて膨らませ、その内側に商品を充填してボトルのように自立させることで、プラスチック使用量を従来のプラスチックボトル容器の約半分にしている。これまでも、いわゆる「詰め替え型」ボトル容器の活用でプラスチック使用量を減らす仕組みは普及していたが、ボトル容器からフィルム容器への転換に加え、詰め替え用ではなく、そのまま本体容器として使えるフィルム容器に、さらにはフィルム素材を極限まで薄くすることで商品そのものの価値とは無関係である「入れ物」としてのプラスチックをどこまで減らすことができるかが問われてきている。大手コンビニエンスストアチェーンでも、プライベートブランドのサンドイッチで包装フィルムを現行品より12.5%薄くしサイズも上下5mmずつ小さくしながら薄くても形を保てて保湿性も変わらないものに切り替えることにより、商品1個当たり0.3グラムで年間約90トンのプラスチック削減効果を見込んでいる。

3 プラスチック以外の素材に代替する

企業の脱プラスチックの取り組みは、プラスチックに代わる各種代替素材への切り替えにも舵を切りつつある。衣料品を始めとする世界の流通販売製造企業群が買い物袋をプラスチックから紙製のものに切り替え始めた。欧州の大手流通チェーンでは、野菜、果物、パンなどを包装している小型のプラスチック袋も廃止して紙包装に切り替えた。ただし、紙製の袋はプラスチック製の3～10倍の費用がかかるとされていることに加えて、紙はプラスチックよりもかさばり保管や取り扱いにスペースをとることから、単価が安い日用雑貨や食料品などを扱う小規模な店舗での切り替えは簡単には進んでいない。

一方で、投資家や消費者から企業の環境配慮に対する関心が高まり、特に容器包装プラスチックを大量に消費してきた大手食品企業の中には、2020年代半ばまでにすべての商品の包装材をリサイクル可能な高機能紙や植物性素材に代替する目標を掲げ、商品輸送中の損傷や病害虫から保護するなど高い安全性が求められる食品包装材のイノベーションに大規模な投資を進めるところも出てきている。また、製紙メーカーは、社会全体のデジタル化に伴い縮小していく印刷向け紙需要に代わる収益源としてプラスチック代替物としての紙製容器素材の技術革新を急いでおり、熱で接着できる加工を紙自体に施すことにより、プラスチックを代替する食品包装紙を2019年から製造販売始めたメーカーもある。プラスチック製の同等品と比較して製造コストが高いことが課題となっているが、最近の非プラスチック容器需要の高まりで今後の量産効果が期待されている。2020年には紙製の容器を使ったミネラルウォーターやウイスキーなども出回るようになり、大手コンビニエンスストアでは電子レンジで中身を加熱できる紙製の弁当容器が導入された。

プラスチックの代替としては、リサイクルに優位性を持つアルミ缶にも復権の兆しがある。製缶や飲料大手でペットボトルからアルミ缶への切り替えが進んできており、特に米国では一部の州で施されているペットボトルの規制強化が拍車をかけている。北米の飲料におけるアルミ缶の比率はここ2年間で3割強から6割ほどまで大幅に比率が高まっている。アルミニウム素材を製造するときに大量の電力を消費することから、アルミ缶は新品の製造コストや二酸化炭素排出量はペットボトルを大きく上回るが、リサイクル費用がペットボトルやガラス瓶の数十分の一と安価であることが今後の普及促進のカギとなる。

炭酸カルシウムが主成分の石灰石とプラスチックを混ぜ合わせた新素材の開発も注目されている。原料となる石灰石（製品の5～7割を構成する）は世界中に大量に埋蔵されており、日本各地にも豊富に存在（推定埋蔵量は約200億トン以上）するうえに、素材製造時に淡水資源を大量に消費する紙や膨大な電力を消費するアルミニウムと比較して製造段階や廃棄段階の環境負荷が小さいのが利点とされている。成型技術の向上とともに、買い物袋や食品包装材、総菜容器にも使われるようになってきた。リサイクルも可能で、使用後に回収してペレット（粒状の塊）にすれば、プラスチックや紙の代替素材として再加工できるという。製造コストについても、印刷用紙は紙由来のものと同等かそれ以下、買い物袋や食品容器はプラスチックと同等か多少高い程度にまで届きつつある。

4 プラスチックの原料を石油から植物に換える

プラスチックをリサイクルしやすい他の素材に代替するのではなく、2050年頃に世界の石油消費量の約2割を占めるともいわれているプラスチックそのものを石油由来から植物由来のものに置き換える動きも広がる。一般的にバイオマスプラスチックやバイオプラスチックと呼ばれる植物由来のプラスチックは、トウモロコシやサトウキビなど農産品や木材を原料としてつくる樹脂素材であり、過去に何度もブームを起こしてきた環境配慮型素材であるが、石油由来プラスチックに対する生産コストの高さや成形の難しさなどから、未だ本格的な普及には至っていない。一方、21世紀半ばにもカーボンニュートラル（温室効果ガス排出量を実質ゼロにする）を目標に掲げる国や企業が続出している世界の流れの中で、成長過程で二酸化炭素を吸収することからカーボンニュートラル素材として扱われる植物資源を改めて石油由来プラスチック代替素材として活用するための技術革新分野には莫大な投資資金が向かっている。

内外の大手化学メーカーは、石油依存からの脱却を想定しながら、トウモロコシやサトウキビ、キャッサバなどを原料とするプラスチック事業を強化している。植物由来と石油由来の樹脂を半分程度ずつ混ぜ合わせるプラスチックが現在の主流だが、植物由来100％を目指した技術開発も進んでいる。衣料製品に広く使われるポリエステル繊維についても、2020年代前半にも植物由来100％の繊維素材が提供される可能性がある。植物由来プラスチックの原料として農産物のうち食用に回らない非可食部を活用することも計画されており、脱プラスチックと食料廃棄削減の相乗効果も期待される。量産技術確立までのコスト高については、世界的なカーボンニュートラルへの流れに加えて、欧米を中心に普及しつつあるエシカル消費（割高な商品であっても倫理的な側面で受け入れる消費）が追い風となるだろう。

紙の原料として木から取り出したパルプに含まれるセルロース（植物繊維の主成分）を細かく砕いた素材であるセルロースファイバー（セルロースナノファイバー、CNFとも呼ばれる）を石油系プラスチックと混ぜて軽量で強度の高いセルロースファイバー樹脂（現状は、セルロースファイバー混合比率55％程度）を電化製品の部品や飲料リユースカップに活用する動きも出てきた。見た目と手触りが木材の質感を残していてほのかに木の香りがするなど、森林資源の豊富な日本の特性を活かし間伐材などの森林資源、産業廃棄物を含む木質系資源の有効活用につながることから、環境負荷の少ない新たなサステナブル資源としての期待が大きい。セルロースファイバー混合比率の向上（試験段階では85%まで到達）とコスト削減という課題を克服した先には、プラスチックから木への本格的なマテリアル革命も夢ではない。

5 プラスチックを自然に戻す

先に述べた植物由来のプラスチックには、カーボンニュートラルという環境優位性に加えて、使用後に廃棄されたとき自然生態系で分解されやすいという特性がある。その多くは、常温で土の中に生息する微生物が食べやすい構造をしており、土中に放置しておくと一定の時間とともに水と二酸化炭素に分解される。植物由来のプラスチックを家庭用の指定ごみ袋素材に採用する自治体も増えており、生ごみをコンポスト容器で堆肥化する際にごみ袋ごと土に混ぜることができる。

植物由来プラスチックの中でも自然生態系における易分解性に特化したものは生分解性プラスチックと呼ばれる。生分解性プラスチックは、素材として使うときには石油由来のプラスチック製品に近い機能や性能を持ちながら、使用後廃棄されたときに微生物の働きで自然に分解されるという高度な機能を求められる。これまで微生物群が豊富な土の中で分解されるタイプが先行していたが、近年は土と比べて微生物群の密度が小さい海水中で分解されるプラスチックの開発も始まっている。トウモロコシやイモ類などに含まれるでんぷんと次世代環境配慮材料であるセルロースナノファイバーを混合し乾燥させることで強度や耐水性に加えて海洋生分解性にも優れた生分解性プラスチックの研究も進められている。

日本で2020年7月から導入されたレジ袋有料化制度では海洋生分解性プラスチック配合率100%のものや植物由来プラスチック配合率25%以上のものが有料化対象外となったことから、トウモロコシなどを原料にした海洋生分解性プラスチックを素材に使うレジ袋も開発された。海水中でも数か月で90%以上分解されることが確認されている。カーボンニュートラル指向に加えて海洋マイクロプラスチック問題意識の高まりから生分解性プラスチックは世界的に需給が逼迫してきており、原料メーカーの生産拡大が待たれるところである。また、生分解性プラスチックのシートやフィルムは汎用性が高いことから、耐熱性能の向上などさらなる技術革新が進めば食品包装への応用も期待される。さらには、石油由来プラスチック微粒子が大量に使われている研磨剤や化粧品分野（マイクロビーズなど）に生分解性プラスチック用途を広げるため、植物の油などをエサに微生物自体が合成する高分子化合物を微粒子に加工するという新たな生分解性プラスチックが注目を集めている。

生分解性プラスチックとして植物由来のプラスチックを開発するという発想とは対照的に、石油由来のプラスチックを分解する微生物技術を見据えた動きもある。Yoshida らの研究〔A bacterium that degrades and assimilates poly（ethylene terephthalate)〕によると、海洋プラスチックごみの典型ともいわれることが多いペットボトルの素材であるポリエチレンテレフタレート（PET）という石油系樹脂を分解する微生物「イデオネラ・サカイエンシス」が日本で見つかっている。この微生物の働きにより、小さく切り刻んだ厚さ 0.2mm 程度の PET 片なら 6 週間で二酸化炭素と水に分解されるという。大量のエネルギーや高価な装置を必要としない画期的なペットボトル処分技術になり得るうえに、微生物分解反応を途中で止めて分解生成物を回収できれば再生 PET 樹脂の原料として再利用できる可能性もある。この微生物に含まれる特殊な酵素が PET の分解に重要な役割を担っていることが明らかになってきているが、他の石油系樹脂を分解する微生物の探索を含めて実用化に向けた研究の進展が待たれるところである。

6 プラスチックごみのリサイクルは切り札になるのか？

世界で年間 4 億トン以上生産され 800 万トン以上が海に流れ込んでいるとさ

れるプラスチックの使用をすぐにはなくすことができないことから、当面は代替素材や生分解性プラスチックの普及促進に加えて使用後の石油由来プラスチックの扱いについても議論を進める必要がある。プラスチック循環利用協会によると、日本は2018年にプラスチックごみの84%を有効利用したことになっているが、焼却して熱エネルギーを回収するサーマルリサイクルが56%であり、再生樹脂や化学品原料などへの再利用するマテリアルリサイクルは23%にとどまり、カーボンニュートラルの観点から熱回収をリサイクルとみなさないEU（欧州連合）のマテリアルリサイクル率3割強と比較しても「サーキュラーエコノミー」とは程遠い状況である。

カーボンニュートラル（大気中の二酸化炭素を増やさない）を目指すリサイクルとしては、鉄鋼原料のコークス（石炭を蒸し焼きにして炭素部分だけを残した燃料）をプラスチックごみで代替して副生成物の油成分を取り出して再生樹脂を製造、プラスチックごみからアンモニアやエチレンなど基礎化学品の原料となるガスを取り出す、プラスチックごみを高温で分解して水素燃料を製造するなど、内外の化学プラントメーカーが革新的な技術開発に取り組んでいる。水素製造については、全国各地で回収されたプラスチックごみから金属など不純物を取り除いた後、高温の炉で分解し水素と一酸化炭素にするが、分解の際に発生する熱で炉内は高温を保ち燃料をほとんど使わずに済むため、天然ガスから水素を抽出する汎用的な技術と比較して二酸化炭素の排出量を約8割減らすことができる。いずれのリサイクルプラントも投資規模は数百億円に上るが、長期的にはプラスチックごみ引き取り手数料収入や原材料費用の削減などで採算が確保できる見通しがある。

プラスチックは土の中でも100年以上分解されずに残るという、ごみ問題では致命的な欠陥を逆手に取り土木構造物としてプラスチックごみを活用する動きもある。オランダの道路工事会社などが開発した「プラスチックロード」は、再生プラスチックで構成する複数のモジュールをタイルのように組み合わせて敷設することで道路を建設するものである。路面となるモジュールの表層は石片を混ぜた高耐久エポキシ樹脂でコーティングしてある。モジュールは軽量で地盤への負荷が小さく、路面下の空洞部は排水溝の機能も果たすうえ、破損や劣化した場合も該当部分を交換するだけで工事が終わり、古いモジュールはリサイクルされて再び道路資材になる。道路工事に要する期間が短く、メンテナンスを含めて石油から作るアスファルト道路の2～3倍の寿命があることから、二酸化炭素削減効果も大きい。

7 ペットボトルごみの争奪戦が始まった

大手企業が続々と容器包装に再生プラスチックを活用する目標を打ち出しており、使用する再生プラスチック資源の争奪戦が過熱している。特に、回収率と品質が高い日本のペットボトルごみの引き合いが海外から強まっていて、急激に需給がひっ迫する可能性がある。自治体が容器包装リサイクル法に基づいて回収するペットボトルごみはほとんどがキャップやラベルを分別済みで良質とされ、需要が集まりやすい。一般的に再生プラスチックは石油由来の新規製品より安価であることが多いが、再生PET（ポリエチレンテレフタレート）樹脂に限れば世界的に旺盛な需要を背景に石油由来の新規製品より高値になる事例も起きている。

使用済みペットボトルをリサイクルする際、ペットボトル本体とラベルは素材が異なるため分別が必要となり、現状では手作業あるいは専用の機械を使って分けているが、ペットボトルの表面にレーザーで細かな傷を付けて白色化させることで印字するなど、ラベルレスボトルの普及も追い風になっている。リサイクル性を向上させるためにモノマテリアル（単一素材）化に取り組んでいるのはペットボトルだけではなく、他の食品容器包装分野にも及んでいる。多くの食品容器包装素材は、酸素を通しにくくするとともに強度を上げて食品の保存性を高めるために、ポリエチレンやナイロンなど複数の種類のプラスチックを組み合わせている。このため、使用後にプラスチック種類別に分離するのが難しく焼却処理せざるを得ない実情があった。そこで、単一のプラスチックでも内容物の品質を維持する機能を持たせられるようにしたモノマテリアル包装を開発し提案する化学メーカーも出てきた。製造の段階から流通や消費だけでなくリサイクルのことまで見通しておくことが、世界的な潮流となりつつある「サーキュラーエコノミー」の肝の１つである。

ペットボトルのリサイクルは、樹脂を溶かしてポリエステル繊維製品に再生する方法が一般的であったが、PET（ポリエチレンテレフタレート）樹脂を化学的に分解して再利用する「ケミカルリサイクル」と呼ばれる手法もある。ケミカルリサイクルは、不純物や汚れが残っていても分子レベルまで分解して再生するためふたたびペットボトルはじめ飲食品容器に何度もリサイクルすることも可能であるが、工程が複雑でコストが繊維製品に再生する従来手法より３割程度高く利用は限られていた。この課題に対し、複数の飲料メーカーや化学メーカーの共同技術開発により、PET 樹脂の再合成に必要なチタン触媒を従来よりも少ない量で済ませるなど、再生コストを３割下げて従来型のリサイクルと同等にする可能性が出てきた。2020 年代半ばにかけて量産化が目指されており、飲食品容器としての徹底的な資源循環が見えてきた。

8 衣料品、製品プラスチックにまで広がるリサイクルの大波

化学繊維（合成繊維）というプラスチックを大量に消費してきた衣料品分野においても、異物を除去するフィルタリング技術で課題を克服しながら使用済みペットボトルからポリエステル系の特殊繊維を製造し速乾性に優れるなど高機能衣料品を販売する事例が出てきた。使用済みダウンを回収してリサイクルした製品などもあるが、従来はダウンを手作業で解体す

ることが多かったため、効率性を高めるのが難しかった。衣料品製造小売り大手と提携する化学繊維メーカーが自動でダウンの切断や分離、回収できる装置を開発し、従来の手作業に比べておよそ50倍の処理能力を実現している。リサイクル製品を発売する企業は増えているが、厚手の生地を使ったジャージーやポロシャツなどが中心で、高機能商品の発売はまだ少なく、リサイクルのために製品コストが高まるという課題もある。新たな回収システムの確立などリサイクルの効率性を高めていけば、従来製品と同程度の価格帯で付加価値の高い再生衣料品を販売する状況はそれほど先の話ではない。

日本政府は、容器包装リサイクル法によるリサイクルの仕組みがある容器包装のプラスチックだけではなく、リサイクル法の対象外であったバケツや洗面器などの製品プラスチックも資源ごみとして分別回収する方針を打ち出した。これまで主に燃えるごみとして回収していた製品プラスチックを再生資源として活用するという方針転換であり、自治体の取り組みを後押しするほか、法整備も検討する。分別回収を進めるのはバケツ、洗面器、三角コーナーなどのキッチン用品や調理器具、ちりとり、文房具といった多種多様な製品群である。家庭から出るプラスチックごみの８割を占めるとされる容器包装プラスチックに加えて、製品プラスチック群をまとめてリサイクルできるように環境整備を進めることで、世界的なプラスチックごみ抑制の流れに乗ろうとしている。もともと、容器包装リサイクル法に沿ってプラスチック製の容器や包装シートを家庭ごみで分別回収する自治体は2019年度で1110自治体（全自治体の64%）にとどまり、残る自治体は可燃ごみと合わせて焼却処分するケースが多かった。そのような自治体における可燃ごみのうち２割前後がプラスチックごみに該当することから、焼却を回避してリサイクルする余地は大きい。

9 それでも捨てられてしまったプラスチックをどうする？

環境省が2017年度に全国10か所の海岸に漂着したごみを調査した結果では、全体の約40%が漁具であり2番目のペットボトル（約8%）を大きく引き離していたことから、プラスチック製の漁具を回収して多用途に転用する試みも始まっている。漁業者から買い取った廃漁網を洗浄して細かく裁断し異物を取り除いて再生ナイロン繊維を作るとともに、漁網由来のボタンなど服飾付属品を衣料メーカーに販売する企業も出てきた。漁網やブイといったプラスチック製の漁具を捨てる場合には、漁業者が産業廃棄物処理業者に処理を委託することが原則だが、漁獲量の減少などから経営が厳しさを増す漁業者にとって処理費用は大きな負担であることから、廃棄ではなく「資源」として有償で買い取ってもらうリサイクルには期待が大きい。

日用品製造業の世界大手や日本の商社の中にも海洋プラスチックごみを日用品向けの容器や樹脂製ファスナー、ごみ袋などに再生利用する試みが始まっている。再生利用が定着するには高い回収コストなどの課題を解決しなければならない。海洋プラスチックごみは回収量が安定しないうえ、再生利用できる品質にするための分別費用が通常の陸上プラスチックの再生よりも高い。ただし、日本近海はアジアからの漂着ごみが多いうえに、日本国内にはプラスチックごみの回収意識の高い自治体や高度なプラスチック再生技術を持つリサイクル企業が多いことが利点とされている。日本の地方自治体の中には、河川や用水路に網を張り、プラスチックごみを海に出る前の段階で回収する独自の対策に乗り出したところもある。富山市が2020年8月、市郊外の河川や用水路3か所に網を設置したところ、住宅街の多い河川流域ではペットボトルや食品の容器など、農村部の多い河川流域では農業用の袋などが回収できることがわかった。環境省が2018年に改正した海岸漂着物処理推進法では、海へプラスチックごみが流出しないように内陸から沿岸に至る関係者が一体となった対策の必要性を規定している。富山市のプラスチックごみ回収手法が確立すれば、ガイドラインを設定して他の海に面する自治体にも回収の動きが拡大することが望まれよう。

海外では、海流によりプラスチックごみが集まる５つの「ごみベルト」をターゲットとして、その海流を使ってプラスチックごみの回収装置を最適な位置に運び、効率よくごみを集める仕組みを新たなソーシャルビジネス（社会問題解決を目的とした事業）として起こすNGO（非政府組織）がある。これは、オランダ・ロッテルダムに本拠を置くオーシャン・クリーンアップという組織である。米カリフォルニア州とハワイの間、およそ１兆8000億点のプラスチックごみ（推定重量約８万㌧）があると推定されている「太平洋ごみベルト」において、同組織が小さな船に取り付けた約600メートルの細長いU字形の装置を使いプラスチックごみを次々に回収する光景が2019年10月に報道された。同組織は年間１万４千㌧を回収できる次世代システムを複数配備して５年以内に海洋プラスチックごみを半減する計画を持ち、プラスチックごみをリサイクルした再生品の販売も検討しているが、そもそも使い捨てプラスチックを増やさないことが大前提であることに変わりはないとしている。（天野耕二）

考えてみましょう

- 使い捨ての入れ物としてプラスチックをどうしても使わざるを得ない場合を考えてみましょう。他のやり方では済まない場合はどのくらいあるでしょうか。
- すでに世界中で大量に使われてしまったプラスチックをこれからどのように扱っていくのが良いか考えてみましょう。

引用文献

「プラスチック資源循環戦略」消費者庁、外務省、財務省、文部科学省、厚生労働省、農林水産省、経済産業省、国土交通省、環境省、2019年5月。https://www.env.go.jp/press/files/jp/111747.pdf

一般社団法人プラスチック循環利用協会「プラスチックリサイクルの基礎知識2020」https://www.pwmi.or.jp/pdf/panf1.pdf

Yoshida, S.; Hiraga, K.; Takehana, T.; Taniguchi, I.; Yamaji, H.; Maeda, Y.; Toyohara, K.; Miyamoto, K. *et al.* "A bacterium that degrades and assimilates poly (ethylene terephthalate)." Science 351 (6278) : 1196–1199. (10 March 2016).

さらに勉強したい人のための参考文献

西岡真由美、他『身近なプラスチックがわかる』技術評論社、2020年

グンター・パウリ、他『海と地域を蘇らせるプラスチック「革命」』日経ＢＰ、2020年

堅達京子『脱プラスチックへの挑戦』山と溪谷社、2020年

File 07

気候変動

どうして起きるのか？そして今後どうなるのか？

キーワード

温室効果ガス
●
放射強制力
●
IPCC
●
気候変動枠組条約
●
京都議定書
●
パリ協定
●
脱炭素社会
●
茅恒等式

イントロダクション

気候変動への対応は今世紀の最大の課題となっています。本章では、人為的に排出された温室効果ガスによってどのようなメカニズムで地球温暖化が起きるのか、その影響はどのようなものか、気候を安定化するには今後どの程度まで温室効果ガスの排出を減らさないといけないのか、について順次解説していきます。

さらにこの問題に対する国際社会の取り組みや今後求められる対策のあり方を論じます。

用語解説

温室効果ガス

異なる原子からできている分子や3原子以上からなる分子は地表から放射された赤外線を吸収して地表に再放射するが、このような性質をもつ気体を「温室効果ガス」という。二酸化炭素（CO_2）、メタン（CH_4）、一酸化二窒素（N_2O）などが該当する。

1 気候変動のメカニズム、影響と将来予測

気候変動の原因としては、自然的なもの、人為的なものを含めさまざまあるが、過去数十年の世界的な気温上昇は人為的な温室効果ガスの排出を除いては説明できないという科学的結論に至っている（気候変動に関する政府間パネル（IPCC）2014）。そこで本節では、人為的な温室効果ガスの排出がどのように気温上昇をもたらすのか、気温上昇によってどのような影響がもたらされるのか、さらに将来どのようになると予測されているのかを解説する。

物体の温度とエネルギーの放射

絶対0度（-273℃）以上の温度の物体は、周囲の空間に向けてエネルギーを電磁波の形で放射し続けている。従って外部からエネルギーが供給されなければ、物体の温度は絶対0度に近づいていく。

物体から放出される電磁波は、物体の温度が高いほど波長は短くなる。太陽の表面温度は約6,000度あり、紫外線、可視光線、赤外線などを宇宙空間に放出している。地球は宇宙に浮かぶ惑星の1つとしてそのエネルギーを受け止めていることになる。

エネルギーの再放射と温室効果

地球が太陽から受け止めたエネルギーは、再度、地球から宇宙空間に放出されるが、地球の大気中にある性質をもった気体が存在することで一部のエネルギーは大気中に留まる。この気体の存在がなければ、地球表面の平均温度はマイナス摂氏18度程度であると計算されるが、実際にはプラス摂氏15度程度に維持されてきており、この気体の存在のおかげで人類などの生命が維持されてきたといえる。

つぎにこの気体の性質を説明する。異なる原子からできている分子や3

原子以上からなる分子は赤外線を吸収する。なぜなら、これらの分子の固有振動数は赤外線と共鳴しやすいからである。

さらに赤外線を吸収してエネルギー順位が高くなった分子は、再び赤外線を放出して安定した低いエネルギー順位に戻る（再放射という）。二酸化炭素（CO_2）やメタン（CH_4）は、地表から放射された赤外線を吸収して地表に再放射するが、このような性質をもつ気体を「温室効果ガス」という。

放射強制力とGWP

温室効果の強さを表すのが「放射強制力」で、温室効果ガスの体積濃度が1単位変化したとき、大気から再放射されるエネルギーの変化量を示している。

また、温室効果ガスの「地球温暖化指数（GWP）」は単位質量の気体が、今排出されたことにより生じる放射強制力を、現在からある期間（通常100年間）、時間積分して二酸化炭素との相対値で示したものである。温室効果ガスの放射強制力と大気中での寿命でGWPが決まってくるといえる。

二酸化炭素のGWPを基準として1とすると、メタンは23、一酸化二窒素（N_2O）は296とされている（最新の科学的知見によりGWPの値は定期的に改訂される）。二酸化炭素以外の温室効果ガスのGWPは大きいが、二酸化炭素の排出量は他のガスより圧倒的に多いので、地球温暖化に及ぼしている長期的な寄与は二酸化炭素がもっとも大きくなる。

気候変動の影響

気候変動は、ここ数十年で、降水量や氷雪融解の変化、干ばつや台風等の極端現象など、自然と人間活動に大きな影響を引き起こしている。気候変動の影響は、直接・間接に多岐に及んでおり（**図07-1**）、IPCC第5次評価報告書（2014）では、気候変動が経済損失をもたらすこと、社会の安定を脅かす可能性があることを指摘したうえで、悪影響を緩和するための対

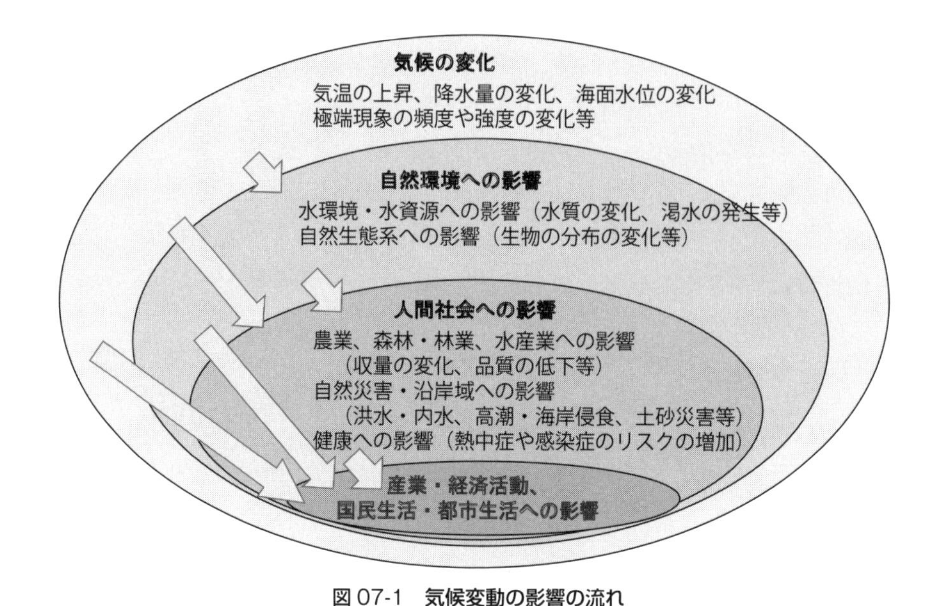

図 07-1　気候変動の影響の流れ

出所：環境省ほか「気候変動の観測・予測及び影響評価統合レポート 2018」111 頁を改変して引用。

策と影響への適応策の両方が必要と指摘している。

温室効果ガスの大気中濃度と排出のトレンド

では大気中の温室効果ガス（CO_2、CH_4、N_2O）の濃度は実際にどのように変化してきたのか。**図 07-2** をみると 3 つのガスとも 1850 年以降一貫して濃度が上昇しており、とりわけ 1950 年代以降に上昇速度が増していることがわかる（ppm は百万分の一、ppb は十億分の一を示す単位である）。

また、**図 07-3** は 1850 年以降に世界で人為的に排出された CO_2 の推移を示す（Gt は 10 億トンを表す単位である）。とくに化石燃料の燃焼等からの排出は 1950 年代以降に急増しており、**図 07-2** に示した CO_2 の大気中濃度の上昇のおもな原因と考えられる。

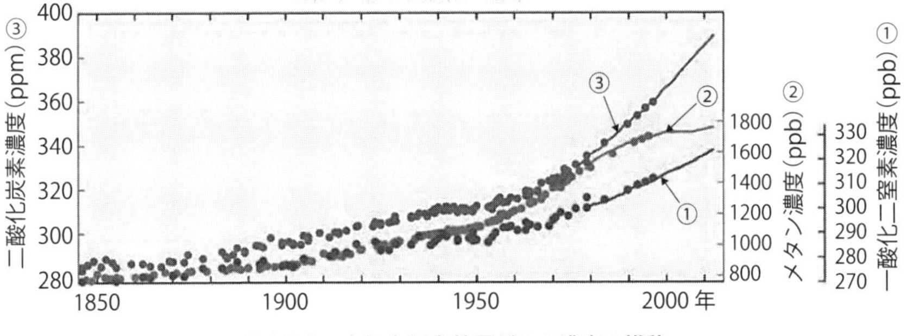

図 07-2　大気中温室効果ガスの濃度の推移

出所：IPCC 第 5 次評価報告書の概要（統合報告書）（2015 年 3 月版環境省）より抜粋。

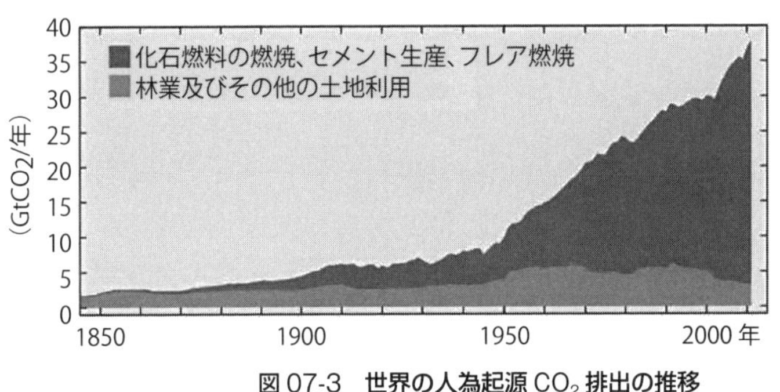

図 07-3　世界の人為起源 CO_2 排出の推移

出所：IPCC 第 5 次評価報告書の概要（統合報告書）（2015 年 3 月版環境省）より抜粋。

温室効果ガス排出の見通しと求められる大幅削減

では世界の温室効果ガス排出量は将来どのようになっていくのか。**巻頭図 2** は過去の実際の排出量の推移とそれが今度どのように変化するのかをシナリオ別に示したものである（RCP シナリオは、左上に示される大気中の温室効果ガス濃度に対応する排出経路である。RCP のあとに付く数字が大きいほど大気中濃度は高く、気温上昇の程度も大きくなる）。

いくつかある RCP シナリオのうち、もっともに下に位置する RCP2.6 は産業革命以降の気温上昇を 2℃未満にするシナリオであり、これを達成するには2050年以降2100年までの早期に大気中への温室効果ガス排出を実質ゼロにすることが求められる。

また、2015年に採択されたパリ協定では、「今世紀末までに世界の平均気温の上昇を産業革命以前と比較して2℃より十分低く保つ（2℃目標）とともに、1.5℃に抑えるように努力する」こととされ、さらに早期に排出の実質ゼロが求められる根拠となっている。

2 グローバルな対応と国内での取り組み

1990年代に策定された地球温暖化対策の国際的な枠組みとしては、気候変動枠組条約（1992年）や京都議定書（1997年）がある。そして、2015年のパリ協定は第1節で説明した科学的知見をもとに合意され、上述の2℃目標、さらには1.5℃目標の達成に向け、先進国だけではなく途上国も含めたすべての国に取り組みを求めている。

表07-1は京都議定書とパリ協定の主な規定内容を比較したものである。京都議定書では、法的拘束力のある削減目標が課されているが、対象となるのは先進国だけであった（最も排出量の多い米国が離脱したことで議定書の対象がさらに減った）。一方、パリ協定では先進国・途上国ともに参加する地球大の枠組である一方、各国の削減目標は自主的に申告されるもので法的拘束力はない。

パリ協定が真に効果を発揮するためには、各国が挑戦的な目標を掲げて対策を実行するとともに、国際社会がその進捗を厳格にレビューする必要があるといえる。

パリ協定は、参加国に「長期のGHG低排出発展戦略」を策定・提出するよう求めており、G7各国（主要先進7カ国）ではすでにドイツ80～95％、フランス75％、英国80％以上（いずれも90年比削減割合）、カナダ80％、米国85％以上（同2005年比）とする戦略を策定し報告・公表済みである。日本政府も2050年までに80％のGHG排出削減を目指すという長

表 07-1　京都議定書とパリ協定の比較

	京都議定書	パリ協定
採択年	1997 年	2015 年
対策対象国	先進国	196 カ国・地域
全体の目標	2008-2012 年の 5 年間で 1990 年比 5.2% の削減	産業革命前からの気温上昇を 2℃未満、1.5℃に向けても努力
各国の削減目標	EU－8%、米－7%、日・加－6%、露 0 %、豪＋ 8%（法的拘束力あり）	自主目標を提出し、対策状況を報告。5 年ごとに更新（拘束力なし）
途上国支援	具体的数値目標なし	先進国に資金拠出義務 途上国も自主的に拠出
発効条件	55 カ国、排出量 55%	55 カ国、排出量 55%
市場メカニズム	京都メカニズム	具体化は今後検討

出所：筆者作成。

期目標を掲げている（図 07-4）。

この図から、2000 年代に約 13 億トン（CO_2 換算）で推移していた温室効果ガス排出量を 2050 年には 2 億トン強（CO_2 換算）にまで減らす必要があることがわかり、この目標達成に向けた抜本的な対策強化が求められている。

さらに近年、1.5℃目標の達成を念頭に 2050 年に温室効果ガスの排出を実質ゼロにするという極めて野心的な国家・地域目標の宣言が相次いでいる。2020 年 9 月の国連総会では中国の習近平主席が 2060 年に実質ゼロにする目標を宣言し、世界を驚かせた。日本も 2020 年 9 月に菅政権に移行し、2050 年に全体としてゼロにする目標を掲げた。米国では 2021 年 1 月にバイデン政権に移行し、パリ協定に復帰するとともに、2050 年の実質ゼロ目標を掲げてさまざまな政策を打ち出している。

また並行して 2030 年の中期目標の見直しも進んでおり、EU は 2030 年

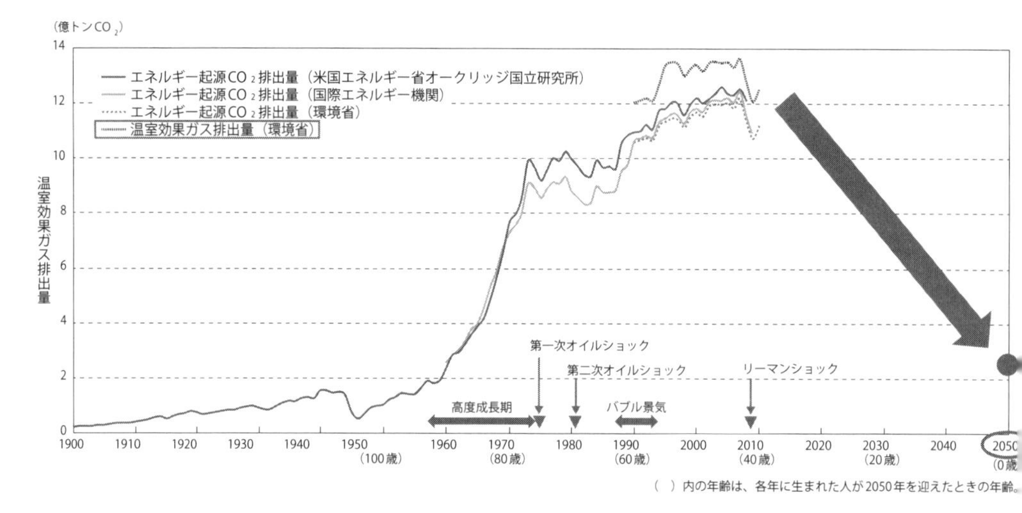

図 07-4　日本の温室効果ガス排出量の推移と長期的に求められる大幅削減

出所：環境省平成 26 年度環境白書（図 1-1-7）。

に 40％削減（1990 年比）であった目標を 55％削減に大幅に引き上げる国別貢献（NDC）を、2020 年 12 月に国連気候変動枠組条約事務局へ提出した。

日本では 2030 年までに温室効果ガスの排出量を 26％削減（2013 年比）する目標を掲げて対策を進めていたが、上述のような世界的な脱炭素の潮流を受け、2021 年 4 月の気候変動サミットで菅総理が 2030 年までに 46％削減（2013 年比）という新目標を表明した。

3 脱炭素社会に向けた社会経済構造の抜本的な変革

2050 年に温室効果ガスの排出を実質ゼロにするという目標は、これまでの延長線上での対策では達成できない。

ここで CO_2 排出量を要因分解する茅恒等式を紹介する。

$$CO_2\text{排出量} = \text{人口} \times \frac{GDP}{\text{人口}} \times \frac{\text{エネルギーサービス需要}}{GDP} \times \frac{\text{エネルギー消費量}}{\text{エネルギーサービス需要}} \times \frac{CO_2\text{排出量}}{\text{エネルギー消費量}}$$

右辺の第 2 項は 1 人当たり国内総生産（GDP）、第 3 項は GDP 当たりのエネルギーサービス需要、第4項はエネルギーサービス需要当たりのエネルギー消費量（エネルギー効率）、第5項はエネルギー消費量当たりのCO_2排出量（炭素集約度）を表している。ここでエネルギーサービス需要とは、エネルギーを消費してもたらされるサービス量（たとえば冷暖房需要やモノ・ヒトの移動需要など）を表している。

人口や1人当たりのGDPは不変と仮定し、第3項、第4項、第5項のそれぞれを4割低減することができれば、0.6 × 0.6 × 0.6=0.216となりCO_2排出量を約8割削減できることになる。

交通分野でこれを当てはめてみると、第3項から第5項でつぎのような抜本的な対策が必要になる。

- 第3項の低減：テレワークやリモート会議により同一の業務を通勤や出張を伴わずに実施
- 第4項の低減：徒歩・自転車・公共交通機関へのシフトにより移動に伴うエネルギー消費を削減
- 第5項の低減：移動に要するエネルギー源を再生可能エネルギーやそれ由来の水素に転換

このような対策を実施するためには、第3項では通信環境や機器の整備に加えて働き方に関する諸制度の改革が必須である。また第4項の自転車利用促進のためには自転車専用レーンの整備が必要となる。さらに第5項の低減の実現には充電スタンドや水素ステーションといったインフラ整備も重要である。

一方、2020年に経験したコロナ禍のもとでの経験や取り組みがまさに第3項の対策となっていることに気づく読者もいるのではないか。またグリーンリカバリー（コロナ禍による経済危機を環境投資によって復興されるプラン）は、第4項や第5項の対策実現に大きく寄与することも期待できる。

現在われわれは喫緊の課題であるコロナ禍の克服と脱炭素社会の実現といった中長期的課題の両方に直面しているが、避けて通ることのできない両課題への対応がシナジー（相乗効果）をもつように知恵を絞っていくことが求められている。（島田幸司）

考えてみましょう

- 海水温度が 1000m の深さまで平均 2℃上昇したと仮定します。海水の膨張による海水面の上昇高さを計算してください。海水の膨張率は 0.21×10^{-3}/℃（1℃あたり海水体積は 0.021% 膨張）とします。
- パリ協定のもとで各国がどのような排出目標を提出し、それらを集計するとどのような排出レベルになるのか調べてみましょう。
- 茅恒等式の右辺の各項が日本でこれまでどのように推移してきたかを経済統計、エネルギー統計等から調べてみましょう。

引用文献

IPCC「第5次評価報告書の概要（統合報告書）」(2015年3月版環境省)

環境省他「気候変動の観測・予測及び影響評価統合レポート2018」

環境省「平成26年度環境・循環型社会・生物多様性白書」

さらに勉強したい人のための参考文献

IPCC「1.5℃特別報告書」の概要（2019年7月環境省）

コラム4　脱炭素社会実現のための政策手法
——自動車部門を対象として

脱炭素社会を実現するには、環境・エネルギー分野の政策を総動員する必要がある。ここでは、自動車部門を対象にどのような政策がこれまで実施され、さらに強化する必要があるのかを論じる。

まず「規制的手法」である。自動車部門では単体の燃費規制が大きな役割を果たしてきた。具体的には、目標年度ごとに決められる一定のエネルギー消費効率を満たす自動車だけが新車販売できるという規制である。自動車の場合、耐久年数が長いのでストックの更新に年数を要するが、確実に自動車利用による燃料消費量を減らしていく特徴をもつ。

また、一部の国・州では、自動車メーカー単位で販売自動車に対する平均燃費規制が導入されており、この規制をクリアできないメーカーは達成したメーカーから余剰分を購入するか、罰金を支払うかの対応に迫られる。

つぎに「経済的手法」である。たとえば、自動車関連税制（自動車取得税、自動車重量税等）では、燃費性能のよい自動車には特別な減免措置を与えており、エネルギー消費効率のよい自動車の購入インセンティブとなっている。

また、揮発油（ガソリン）には燃料税や地球温暖化対策税がかかっている。地球温暖化対策税は現在低率（たとえばガソリンでは0.74円/L）なものにとどまっており、自動車利用者の環境負荷への適正な負担レベル（外部経済の内部化）には及んでいない。現在政府で議論が進められている本格的なカーボンプライシングの導入の一環として、燃料消費に対する価格シグナルとなることが期待される。

このほか、自動車移動に依存しない都市形成（コンパクトシティ）や電気自動車普及のためのインフラ整備なども自動車からの温室効果ガスの大幅削減に向け、着実に進めるべき施策といえる。（島田幸司）

File 08

再生可能エネルギーの主力電源化

技術・制度・市場の関わりは？

キーワード

再生可能エネルギー
●
太陽光
●
風力
●
グリッドパリティ
●
同時同量
●
固定価格買取制度（FIT）
●
フィードインプレミアム（FIP）

イントロダクション

世界的な脱炭素の潮流のなか、再生可能エネルギーを主力電源化する動きが加速しています。このような再生可能エネルギーの動向や課題を理解するためには、技術や関連する制度の最新事情を踏まえる必要があります。再生可能エネルギーによる発電コストは高いから普及が進まないという話をききますが、本当でしょうか？

本章では国内外での再生可能エネルギーの普及やそれを取り巻く制度の最新動向をできるだけわかりやすく解説します。

用語解説

同時同量の原則

安定した電力系統の運用のため、需要に対して同時に同量の供給があることを原則とする考え方。

1 再生可能エネルギー導入の意義と普及状況

再生可能エネルギー（以下、再エネという）は日本国の各法律により複数の定義がなされているが、「エネルギー供給事業者による非化石エネルギー源の利用及び化石エネルギー原料の有効な利用の促進に関する法律（エネルギー供給構造高度化法）」においては「太陽光、風力、その他非化石エネルギー源のうち、エネルギー源として永続的に利用することができると認められているものとして政令で定めるもの（太陽光、風力、水力、地熱、太陽熱、大気中の熱その他自然界に存在する熱、バイオマス）」と定義されている。

再エネの特徴と意義

再エネの特徴としては「太陽光や風力、地熱などの自然界において発生する現象を用いて発電を行う」ことが挙げられる。このような発電の源となる太陽光などは火力発電に使用される原油や石炭のように枯渇することがなく、どの国・地域でも利用が可能である。また、発電時には二酸化炭素を排出しないため、クリーンな発電方法として使用されており、次世代の主電源を担う発電方法として注目されてきた。

また、エネルギー自給率向上の面でも再エネの役割が期待されている。たとえば日本では、2010年には20.3%であったエネルギー自給率が、2011年以降の原子力発電所の運転停止に伴い2017年には9.6%にさがり、OECD加盟国35カ国の中で34番目の低さとなっている。

さらに、東日本大震災、北海道胆振東部地震等を契機に災害時のエネルギー確保の重要性が改めて指摘されているが、再エネは分散型での自立運転が可能である点で災害時や非常時の電源としても期待されている。

世界での再エネの普及状況

では、世界で再エネの普及はどのように進んできたのか。

図 08-1 は、1987 ～ 2019 年の世界の発電量に占める燃料種別の割合（%）の推移を示している。この図から石炭火力発電（coal）は世界の発電量の約 4 割を占めてきたが、近年は脱炭素の要請もありその割合は低下傾向にあることがわかる（2019 年には約 36%）。1995 年以降、低炭素化の流れのなかで一貫して割合を伸ばしているのは天然ガス火力発電（natural gas）で 2019 年には約 23%となっている。再エネ発電（renewable、水力除く）は 1990 年代には極めて低い割合であったが、2000 年代に入り政策の後押しもあってその割合が上昇している（2019 年には約 10%）。2019 年は再エネ発電（水力除く）の割合が低下傾向の原子力発電の割合を初めて上回る年となった。

つぎに**図 08-2** は 1999 ～ 2019 年の発電量に占める再エネ割合（水力除く、%）の地域別推移を示している。2000 年代に入りどの地域も再エネの割合を増やしているが、とくに欧州ではその伸び率が高く、再エネ発電の割合は約 21%に達している。これは世界平均の 2 倍である。

日本での再エネの普及状況

現在、日本でも再エネの普及・拡大が進められている。**図 08-3** に示すとおり 2019 年の電源構成に占める再エネ（水力含む）の割合は 18%となり、2010 年と比較すると約 2 倍に増加している。とくに固定価格買取（FIT）制度が始まった 2012 年以降、再エネの発電比率は順調に増加している。

FIT 制度は、再エネの種類ごとに発電事業者が一定の利益を確保できるような価格で買い取ることを法律で担保するものである。買取期間が長期（家庭用太陽光発電は 10 年、大規模太陽光発電は 20 年）であるため投資利益の予見性が高いことから、制度開始当初には特に太陽光発電に対して多くの投資がなされた。この買取費用の原資は電気の消費者への一律の賦課金で賄っている。

再エネ発電の割合（18%）の内訳をみると**図 08-4** のように水力（7.7%）、

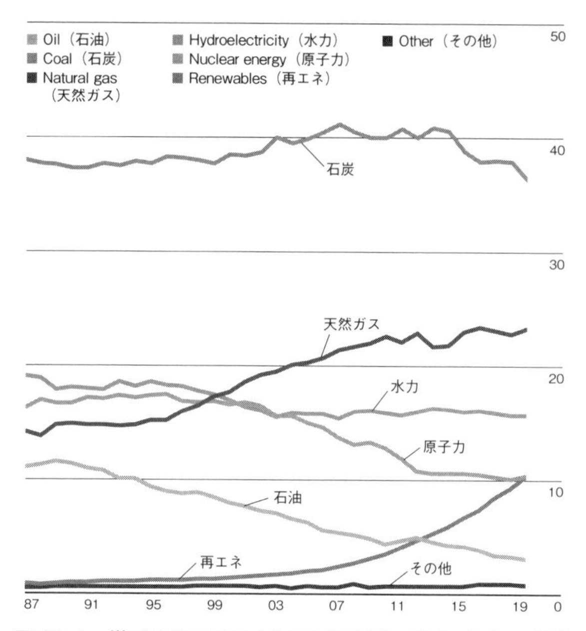

図 08-1　世界の発電量に占める電源種別の割合（%）の推移（1987 ~ 2019 年）

出所：BP, Statistical Review of World Energy 2020, 69th Edition, p.60 より改変して引用。

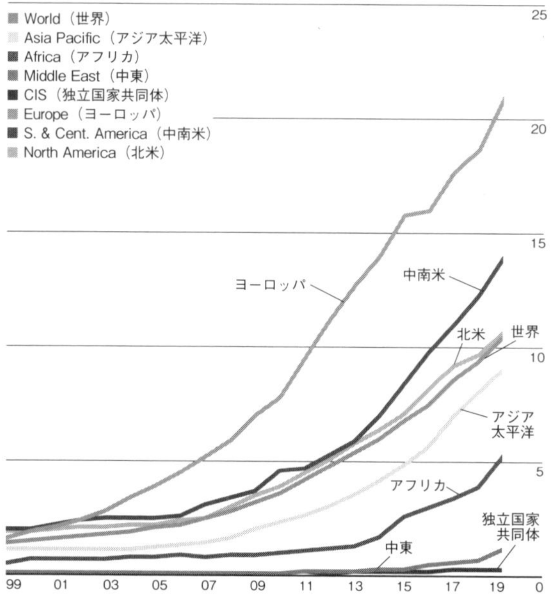

図 08-2　発電量に占める再エネ割合（%）の地域別推移（1999 ~ 2019 年）

出所：図 08-1 に同じ。

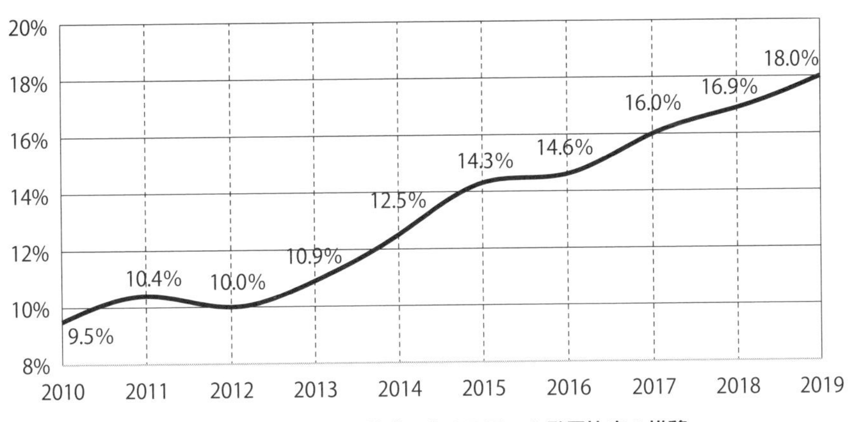

図 08-3　日本の電源構成に占める再エネ発電比率の推移（水力、太陽光、風力、地熱、バイオマス）

出所：資源エネルギー庁「令和元年度（2019 年度）エネルギー需給実績を取りまとめました（速報）」より筆者作成。

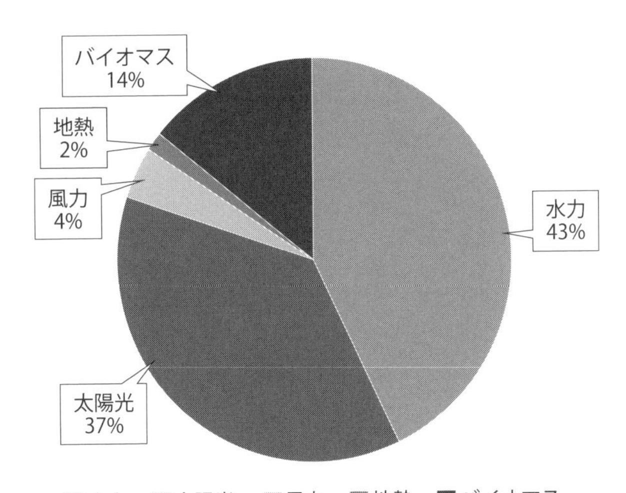

図 08-4　日本における再エネ発電の内訳（2019 年度）

出所：資源エネルギー庁「令和元年度（2019 年度）エネルギー需給実績を取りまとめました（速報）」より筆者作成。

太陽光（6.7%）が多くを占めていることがわかる。FIT 制度の効果は、太陽光発電の導入拡大にのみ現れているともいえる。今後、ポテンシャルを活かしきれていない風力や地熱の導入拡大に向けた政策的な後押しが求められる。

再エネ導入のコスト

世界での再エネ導入の進展に伴い、火力発電等と比較して高いといわれてきた再エネの導入コストはどのように変化しているであろうか。

図 08-5 は日本と欧州諸国での FIT 制度による再エネ（太陽光、風力）の買取価格の推移を示している（1999 ～ 2019 年）。買取価格は各国での再エネ導入コストを踏まえて設定されるため、このトレンドは導入コストの変化を表すものと考えることができる。

この図から、とりわけ太陽光発電の導入コストは急激に低下していることがわかる。たとえばドイツでは 1999 年に 60.7［円 /KWh］であったが、20 年後の 2019 年には 6.8［円 /KWh］と 9 分の 1 の導入コストになった。このレベルまで導入コストが低減した結果、火力や原子力の発電コストと遜色ないレベルとなり（グリッドパリティ）、市場で競争できる電源として位置づけられるようになった。

また日本では、2012 年に 40.0［円 /KWh］であったが、7 年後の 2019 年には 13.0［円 /KWh］と 3 分の 1 に低減した。日本の導入コストが欧州諸国と比較して約 2 倍であるのは、太陽光パネル部材等の価格は低減しているものの発電設備の設置工事費が高どまりしていることなどが原因と考えられている。

また、風力発電の導入コストは緩やかに低下し、ドイツでは太陽光発電の導入コストと同程度の 6.9［円 /KWh］となっている。日本では 2019 年でも 19.0［円 /KWh］とドイツの 3 倍弱高くなっており、陸上・洋上ともに導入拡大を進めながら、発電部材、設置工事、周辺対策などの抜本的な

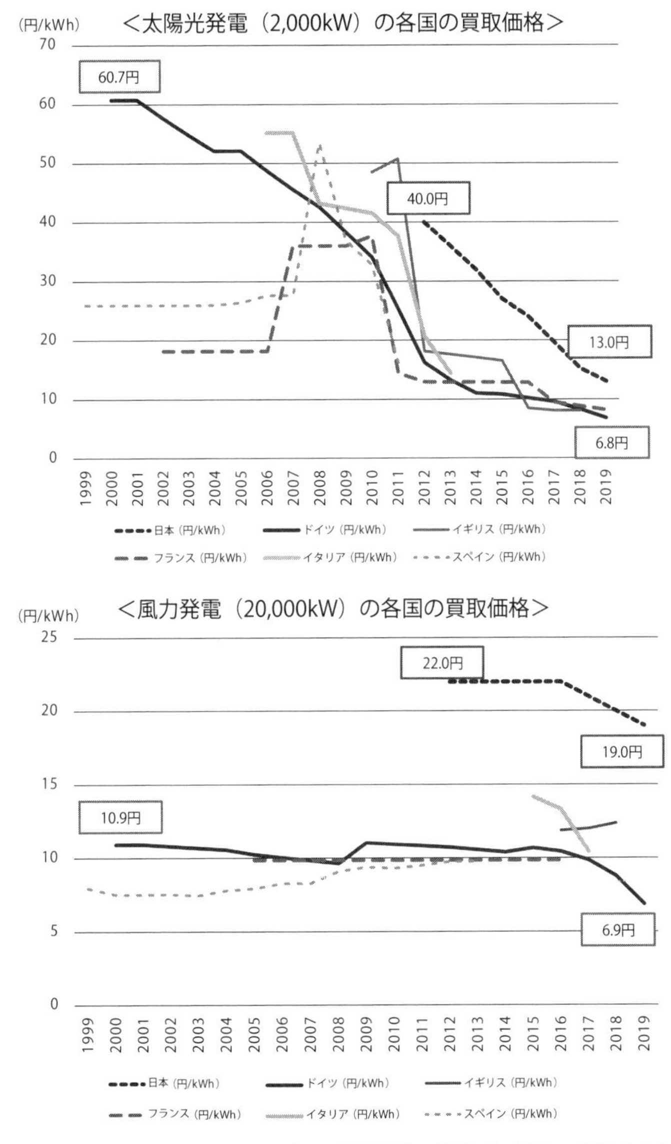

図 08-5　日本・欧州諸国での再エネ買取価格の推移（1999 ～ 2019 年）

注　：資源エネルギー庁作成。太陽光は 2,000kW、風力は 20,000kW の初年度価格。欧州の価格は運転開始年である。入札対象電源となっている場合、落札価格の加重平均。1 ユーロ＝ 120 円、1 ポンド＝ 150 円で換算。

出所：資源エネルギー庁「再生可能エネルギーの主力電源化に向けた制度改革の必要性と課題」（令和元年 9 月 19 日）p. 8 より改変して引用。

コスト削減が求められる。

2 再エネの主力電源化の技術的課題

では再エネを電源構成の主力電源としていくためには、どのような課題を克服していく必要があるだろうか。ここでは、再エネの出力変動に伴う技術的課題を中心に解説することとする。

太陽光、風力といった再エネ発電からの出力は日射量、風速等の気象条件に依存しており、単体では安定した電力供給が難しい。安定した電力系統の運用には、需要に対して「同時同量」で供給することが原則となっているが、再エネ発電からの出力は時間的に変動するため安定運用の外乱要因としてとらえられてきた。

仮に再エネの影響で供給が需要より大きく（小さく）なった場合には、系統での電力の周波数が所定の値（東日本では50Hz、西日本では60Hz）より高く（低く）なり、この乖離が大きくなると大規模な停電につながる。

巻頭図3は2019年のゴールデンウィーク期間の北海道電力管内の電力需給バランスを示している。日中正午前後には、太陽光と風力で電力需要の50％程度（水力を含むと80％程度）を賄っていることがわかる。この時間帯には火力発電からの出力を半分程度に落としても、なお需要を上回る系統への電力供給があるため余剰分を揚水発電ダムへのポンプアップに使っている。

揚水動力といったバッファーがない場合には、再エネ発電からの出力を系統に受け入れられなくなる（出力制御措置をとることになる）。再エネからの出力制御を回避するためには、上記の場合では北海道と本州を結ぶ連系設備を増強し、電力の融通能力を高めることが必要となる。

欧州では国際的な系統連系の拡大によって電力の融通能力が高まるとともに、需給バランスをとるエリアを広げることで太陽光や風力からの出力の時間的変動を平準化する効果（ならし効果）も発揮され、再エネの大量導入が実現しつつあると考えられる。

3 再エネの主力電源化のための制度的課題

第1節でみたように再エネの普及拡大には固定価格買取（FIT）制度が大きな役割を果たしたことには間違いないが、いくつかの課題も抱えていることも事実である。もっとも大きな課題は、消費者が負担する賦課金の増大である。2019年度の賦課金総額は2.4兆円となり、家庭用電気料金の約10%を占めるに至っている。この賦課金総額は2030年度には約3兆円に膨らむと推計されている（資源エネルギー庁資料、令和元年9月19日）。

このような課題を克服するため、再エネ導入コストの低減や日本でも電力取引市場の活性化状況も踏まえて、現在、フィードインプレミアム（FIP）制度への移行が検討されている（**図08-6**）。FIP制度では、大規模太陽光や風力など競争力のある再エネ電源を念頭に電力市場のなかで取引する制度で、欧州諸国ではFIT制度の後継制度として導入が進んできたものである。

FIT制度は一定の買取価格を長期間保証するが、FIP制度では市場で変動する取引価格（スポット価格）に一定のプレミアムを上乗せして再エネ電力が売買されることになる。このFIP制度では、電力需要が高まって市場価格が上昇すると再エネ発電事業者は供給へのインセンティブがあがり需給ひっ迫の緩和に貢献するといった市場メカニズムの発現が期待できる。

プレミアムの付与方法などの詳細な制度設計は検討中であるが、再エネ電力が市場に統合される形で効率的に取引されるとともに、FIT制度が抱えた賦課金増大の課題解決にもつながるものと期待される。（島田幸司）

考えてみましょう

- 再生可能エネルギーの普及状況が国や地域で異なることの原因を考えてみ

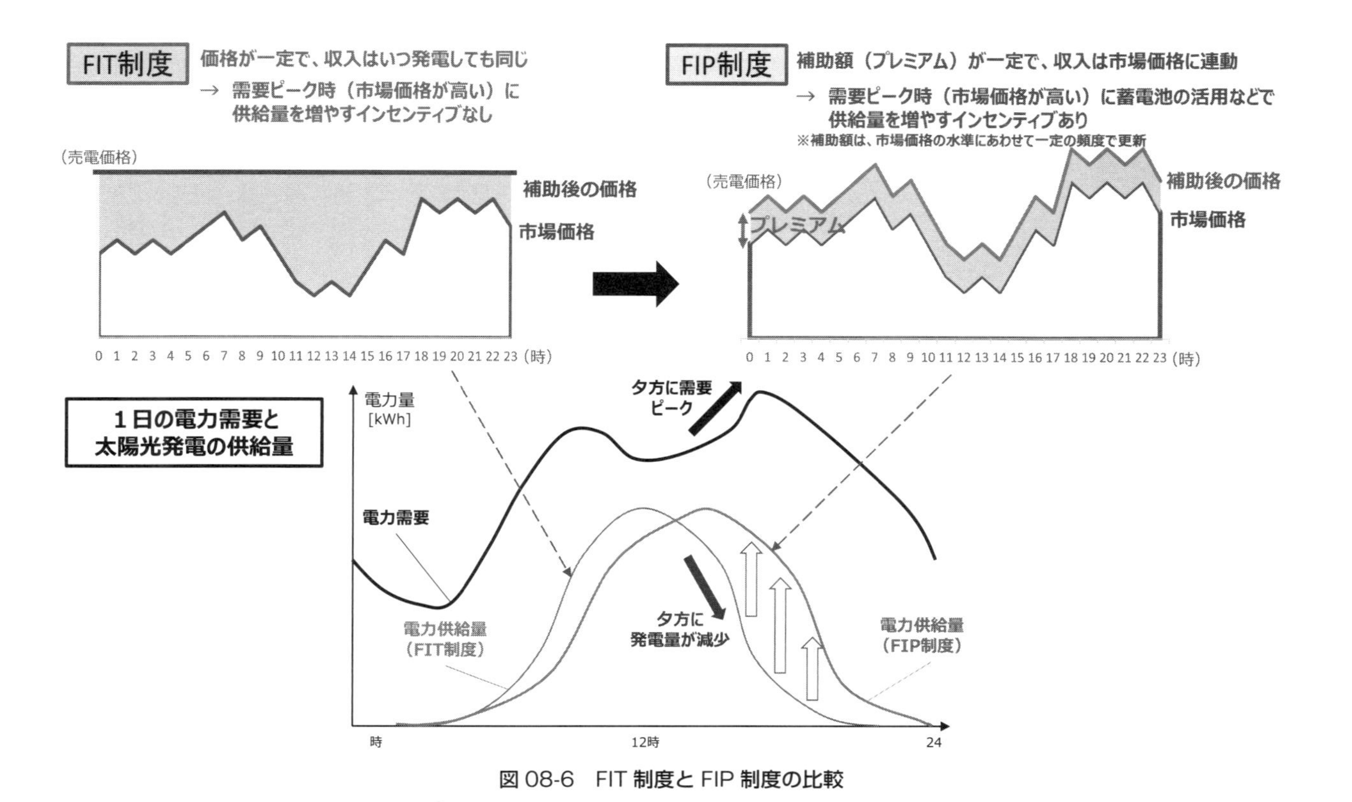

図 08-6　FIT 制度と FIP 制度の比較

出所：近畿経済産業局「再生可能エネルギーの主力電源化に向けた課題と展望（令和２年５月）」p.27
より引用。

よう。

- その際、自然・地理的な条件、技術、政策・制度、資金力など多角的に調べてみよう。
- 再生可能エネルギーの普及トレンドを調べ、政策・制度のもたらした効果を考察してみよう。

引用文献

資源エネルギー庁「再生可能エネルギーの主力電源化に向けた制度改革の必要性と課題」(令和元年9月19日) https://www.enecho.meti.go.jp/committee/council/basic_policy_subcommittee/saiene_shuryoku/001/pdf/001_007.pdf (2021年2月21日参照)

資源エネルギー庁「令和元年度（2019年度）エネルギー需給実績を取りまとめました（速報)」https://www.meti.go.jp/press/2020/11/20201118003/20201118003.html (2021年2月21日参照)

北海道電力「北海道エリアにおける再生可能エネルギーの 導入状況と需給状況について」(2019年7月22日） https://wwwc.hepco.co.jp/hepcowwwsite/info/2019/__icsFiles/afieldfile/2019/07/22/190722.pdf（2021年2月22日参照）

近畿経済産業局「再生可能エネルギーの主力電源化に向けた課題と展望」(令和2年5月) http://www.pref.osaka.lg.jp/attach/19769/00368562/0626s5-1.pdf (2021年2月22日参照)

British Petroleum（BP）, Statistical Review of World Energy 2020, 69th edition. https://www.bp.com/content/dam/bp/business-sites/en/global/corporate/pdfs/energy-economics/statistical-review/bp-stats-review-2020-full-report.pdf

さらに勉強したい人のための参考文献

安田陽『世界の再生可能エネルギーと電力システム（電力システム編)』インプレスR&D、2018年

安田陽『世界の再生可能エネルギーと電力システム（系統連系編)』インプレスR&D、2019年

安田陽『世界の再生可能エネルギーと電力システム（経済・政策編)』インプレスR&D、2019年

安田陽『世界の再生可能エネルギーと電力システム（電力市場編)』インプレスR&D、2020年

コラム5　再生可能エネルギー開発・普及のための政策の変遷

日本における再生可能エネルギーの研究開発や普及促進のための支援策の変遷を以下の図にまとめた。図中の○は支援策の長所、△は短所・課題を示している。

まず、萌芽期と位置づけられる1970年後半から1980年代前半には2度の石油危機を契機にサンシャイン計画といった大型プロジェクトにより太陽光発電等の研究開発が国家レベルで進められた。このような官民一体となった取り組みにより、1990年代には日本は太陽光発電技術で世界のトップレベルになり、太陽光パネル生産に占める国別シェアでも一位を維持した。

つぎに初期導入期となる1990年代～2000年代初頭には、割高であった設備導入コストを補助金により緩和することにより需要を喚起する政策がとられた。また、2000年代初頭には発電会社に再エネによる発電比率目標の設定を義務付ける制度（Renewable Portfolio Standards, RPS）が導入されたが、再エネの大量導入には繋がらなかった。

その後、2011年の東京電力福島第一発電所の事故を契機として再エネの役割への期待が高まり、2012年には固定価格買取制度（FIT）が導入された。その効果や課題は本文第1節と図08-3に説明した。現在、FIT後継の制度としてフィードインプレミアム（FIP）制度の設計が進められており、電力取引市場と連動した再エネ導入の持続的拡大が期待される。

このほか、エネルギー供給構造高度化法に基づく非化石比率目標（44%）の設定や本格的なカーボンプライシングの導入のほか、File 09で説明するESG金融も再エネ導入の支援策として機能することが期待される。

（島田幸司）

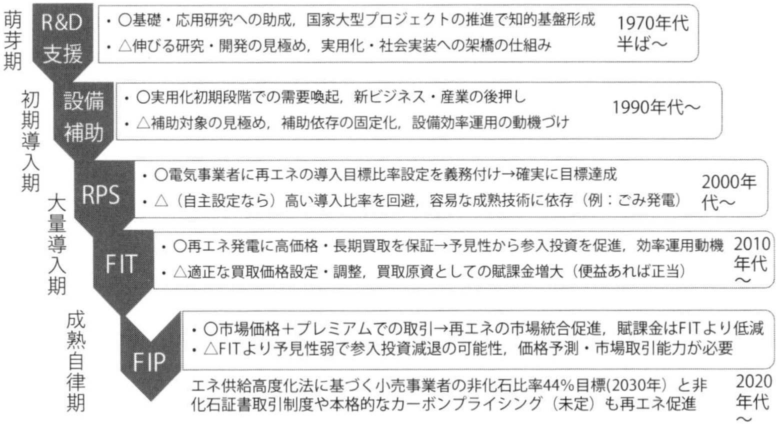

図　再生可能エネルギーの支援促進策の変遷と今後（日本での概観）

出所：筆者作成。

File 09

環境・社会に配慮した金融の世界的潮流

なぜ環境・社会への貢献は投資を呼び込むのか？

イントロダクション

近年、環境・社会・ガバナンス（Environment, Social, Governance：ESG）に配慮した金融が企業経営に及ぼす影響が大きくなっています。また、環境保全に貢献する経営・プロジェクトに特化した債権を企業や自治体が発行し、資金を調達する動きも活発になってきました。さらに、環境リスクを含むESGへの配慮が足りない企業への投資を引き上げる動きも出てきました。

本章では環境・社会と金融の関係やESG金融の世界的潮流を概観するとともに、今後の見通しや課題を論じます。

用語解説

ダイベストメント

環境や社会に配慮した金融のなかで、それらに悪影響を与える活動を行う企業から投資資金を引きあげることをさす。

1 環境・社会と金融の関係とその動向

コラム4（89頁）で解説したように、環境政策は規制的手法、経済的手法、その他情報提供やインフラ整備といった手法に分類するのが通常であったが、近年、環境・社会の分野で果たす金融の役割に注目が集まってきた。

間接金融と直接金融

そもそも「金融」はどのような機能をもっているのであろうか。金融は、消費者が銀行等に預金することを通じて企業等に対して融資される「間接金融」と投資家が株式や債券を購入することによる「直接金融」に大別される。

このような金融の機能と環境との関わりは、「間接金融」では銀行等が企業等に融資する際に環境や社会に与える影響を考慮することが考えられる。また、「直接金融」では株式等の購入・売却の際に投資家が財務情報としては明示されない環境・社会への影響を考慮することで企業等の対策に影響を与えうる。

環境・社会に対する金融の役割の課題

ではこれまでの金融では、環境や社会への影響を十分に考慮できなかったのはなぜか。水口（2013）はこの原因を以下のようにまとめている。

第一に金融・資本市場の短期主義（目先の利益に偏った行動）である。環境や社会に配慮した企業は、将来の規制強化や市場選好の変化を通じて長期的には収益性を増す可能性があるものの、金融の短期主義はこのような長期効果を十分に見通せない可能性がある。

第二に外部性の存在である。地球温暖化の影響や生物多様性の減少は社会にとってはコストとなるが、このようなコストは投融資の判断の際に考慮されない。すなわち金融･資本市場に織り込まれていない外部コスト（外

表 09-1　環境と社会に配慮した金融の分類と動向の概規

評価型責任金融	エンゲージメント型責任金融	問題解決型責任金融（インパクト投融資）
投　資 1920 年代キリスト教会が酒、タバコ、ギャンブルにかかわる企業を投資先から排除。 1970 年代アメリカの公的年金等が環境・人権問題をもつ企業を排除し、問題に対処する企業に投資。 1990 年代以降環境・社会を考慮した長期的には利益になるとの論理でエコファンドや SRI ファンドが商品化 2006 年国連が責任投資原則（PRI）を公表し、機関投資家に署名を呼びかけ。 融　資 ［環境格付融資］融資先の環境対策を評価し、結果に応じて金利を優遇。	投　資 公的年金や投資信託などが投資先企業の環境・社会問題への対応を求める株主提案。近年は株主である NGO 等の提案も増加。 融　資 2003 年世界の大手金融機関がエクエーター原則を採択。この原則では総額 1,000 万ドル以上のプロジェクト・ファイナンスの際に、環境・社会への影響を事前評価し必要な対応を織り込むことを融資の条件とするもの。	融　資 ［コミュニティ融資］米国の地域の貧困層やマイノリティに対して住宅取得や小規模事業のための資金を低利融資。 ［マイクロファイナンス］バングラデシュのグラミン銀行で始まった貧困層・女性向けの少額融資など。 投　資 ［債権］世界銀行など公的金融機関が資金の使途を「地球温暖化対策」や「貧困撲滅」などに特定した債権を発行し、投資を募集。 ［その他］社会的企業への出資、インターネットによる環境・社会問題への支援ファンドなど。

出所：水口（2013）をもとに筆者作成。

部性）の存在により、金融による資源（資金）配分が歪められる可能性が高い。

環境・社会に対する金融アプローチの分類と歴史

このような金融と環境・社会にまつわる問題への対応の分類と動向を**表 09-1** に概観する。

評価型責任金融

評価型責任金融は、投資先の社会・環境分野のネガティブ情報を踏まえたスクリーニングに始まり、さらにポジティブ情報による投資促進の流れにつながっている。

前者には特定の分野の金融から徹底する「ダイベストメント」も含まれ、近年では石炭関連の企業・プロジェクトからの投融資の撤退の動向も注目されている。一方で後者は、証券会社等によるエコファンド、SRIファンド、ESGファンドといった金融商品の流通につながっており、これら商品への投資のパフォーマンス（成果）にも注目が集まってきた。

後者は、File 20で示すように1990年代にポーター仮説をめぐる議論に注目が集まり、環境規制やそれに伴う企業の環境対策が単なるコスト負担として企業活動の足枷となるわけではなく、生産・流通の効率性・収益性を高める可能性が実証されつつあったこととも軌を一にする。

また2006年4月に国連が公表した責任投資原則（Principle for Responsible Investment：PRI）は投資家の社会に対する責任を明確にしたものであり、今日のESG投資の国際的潮流を生み出した契機となった。PRIは以下の6つの原則から構成されている（国際連合「責任投資原則」より）。

1）私たちは、投資分析とその意思決定のプロセスにESGの課題を組み込みます。
2）私たちは、活動的な所有者となり、所有方針と所有慣習にESG問題を組み込みます。
3）私たちは、投資対象の主体に対してESGの課題について適切な開示を求めます。
4）私たちは、資産運用業界において本原則が受け入れられ、実行に移されるように働きかけを行います。
5）私たちは、本原則を実行する際の効果を高めるために、協働します。
6）私たちは、本原則の実行に関する活動状況や進捗状況に関して報告します。

エンゲージメント型責任金融

エンゲージメント型責任金融は、株主や融資者が投融資を受ける企業・

プロジェクトに対してより具体的な対応を求めるものである。たとえば、株主総会において株主がより積極的な気候変動対策や女性の登用を求めることが考えられ、近年、国内外でこのような事例が増えてきている。

また、途上国での大規模発電所建設に対するプロジェクト・ファイナンスにおいては、発電所が建設予定地域の社会・環境に与える影響を事前に予測・評価し、その結果を踏まえて必要な環境対策を計画に盛り込む手続き（環境アセスメント）が融資の前提条件として定着してきた。

問題解決型責任金融（インパクト投融資）

問題解決型責任金融（いわゆるインパクト投融資）は、さらに積極的に分野や投資先を特定して直接投融資の効果を狙ったものと位置づけられる。

通常の投融資では、企業等がどのような対策を講じるのかは投資家にとって明確ではないが、インパクト投融資では、ある特定の分野・プロジェクトに限定して投資したり、低利融資を提供することから、資金の提供者にとっては効果を実感しやすい設計となっている。

特定の分野・地域に関心をもつ個人投資家にとって魅力ある投資先となる可能性もあるといえる。

2 環境・社会に配慮した投資の現状

世界での責任投資原則（PRI）への署名機関・運用資産額

まず、第1節で説明したPRIに署名した機関や資産所有者（アセット・オーナー）の数、運用資産総額の推移を**図09-1**に示す。この図から、この原則の公表以降、世界で一貫して署名機関数、運用資産総額ともに伸びてきている状況がわかる。

2020年4月20日時点でPRIには3,038社・機関が署名し、日本は年金積立金管理運用独立行政法人（GPIF）を含め82機関が署名している。また、そのアセット・オーナーによる資産運用総額は2019年3月末で約20兆ド

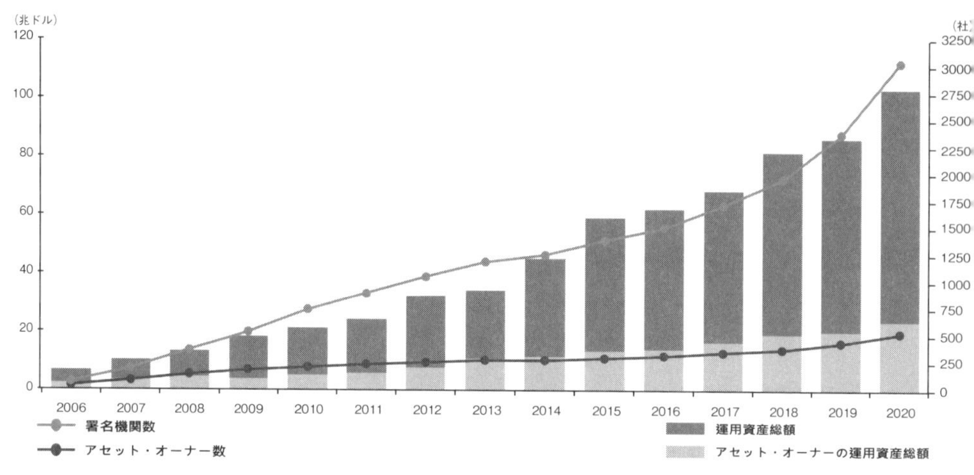

図 09-1　責任投資原則（PRI）への署名機関、資産所有者の数と運用資産総額の推移（2006 ～ 2020 年）

出所：責任投資原則 2019（国連環境計画・金融イニシアティブ、国連・グローバルコンパクト）。

ル（約 2,200 兆円）に達している（PRI ウェブサイトより）。

日本でのサステナブル投資

日本でのサステナブル投資の状況は、2020 年 3 月末で約 310 兆円となり総資産運用残高に占める割合は 51.6% となっている（日本サステナブル投資フォーラムのアンケートに対する 47 機関からの回答の集計結果）。世界最大の年金基金（150 兆円）を運用する機関であり、日本最大の機関投資家である GPIF が 2015 年に PRI に署名し、2017 年に ESG を考慮した運用を開始したことが、日本の機関投資家や上場企業の方針や意識を変える契機となった。

つぎに日本での運用方法ごとのサステナブル投資の運用残高を**表 09-2** に示す。運用残高の多い運用方法として、ESG インテグレーション、エンゲージメント、議決権行使、ネガティブ・スクリーニングがあげられる。これらは**表 09-1** の分類でみると、エンゲージメント型責任金融（エンゲー

表 09-2　日本での運用方法ごとのサステナブル投資の運用残高（10 億円）

運用方法	2019 年（3 月末）	2020 年（3 月末）
ESG インテグレーション	177,544	204,958
ポジティブ・スクリーニング	11,685	14,643
サステナビリティ・テーマ型投資	3,454	7,989
インパクト・コミュニティ型投資		140
議決権行使	187,435	167,597
エンゲージメント	218,614	187,170
ネガティブ・スクリーニング	132,232	135,263
国際規範に基づくスクリーニング	25,560	28,308

注　：複数の運用方法に分類される投資がある。
出所：サステナブル投資残高アンケート 2020 調査結果（日本サステナブル投資フォーラム）より筆者作成。

ジメント、議決権行使）と評価型責任金融（ネガティブ・スクリーニング、ESG インテグレーション）に該当する。

このうち、ESG インレグレーションは、年金基金等の投資家が企業の財務情報のみならず非財務情報（ESG 情報）もあわせて分析することで長期的なリスクや機会を考慮して投資する手法であり、近年、伸長著しい。

さらに日本での資産クラスごとのサステナブル投資（ESG 投資）の現状を表 09-3 に示す。投資残高の多い資産クラスは、債券、日本株、外国株であり、とりわけ近年、債権投資（グリーンボンド、ESG 債など）が増加している。

3 環境・社会に配慮した金融の課題と今後

ここまでみてきた環境・社会に配慮した金融が抱える大きな課題の 1 つとして、ESG 投資そのものの定義やその評価方法がある。見かけだけの

表 09-3　日本での資産クラスごとのサステナブル投資の運用残高（10 億円）

投資対象	2019 年（3 月末）	2020 年（3 月末）
日本株	127,884	97,844
外国株	81,545	50,166
債券	146,178	180,123
プライベート・エクイティ	1,732	1,129
不動産	6,776	8,162
ローン	10,456	10,422
その他	6,321	10,402

出所：サステナブル投資残高アンケート 2020 調査結果（日本サステナブル投資フォーラム）より筆者作成。

環境対策を行って企業の評価を高めようとする行為は「グリーン・ウォッシュ」として批判されている。

ESG 投資をめぐる恣意性や曖昧さを回避するため、国際的に統一した分類や評価方法を策定する作業が続けられている。たとえば、2015 年 12 月、G20 からの要請を受け金融安定化理事会（Financial Stability Board：FSB）は気候関連財務ディスクロージャータスクフォース（Task Force on Climate-related Financial Disclosure：TCFD）を設置した。このタスクフォースは、2017 年 6 月に「企業の任意情報開示のフレームワーク」に関する最終レポートを FSB に報告した。この最終レポートでは気候変動に関連する「ガバナンス」「戦略」「リスク管理」「指標と目標」に関する財務報告（有価証券報告書等）に開示することを推奨している。

また、欧州連合（EU）ではサステナブルファイナンスを重要な柱として位置づけており、2018 年 3 月に欧州委員会は新たなアクションプランを発表した。このアクションプランの第一に位置づけられたのが「タクソノミー」作成であり、「サステナブル」の定義と具体的基準（気候変動の緩和

に実質的に貢献する経済活動に投資を誘導するための原則や基準）を示すタクソノミーの検討作業が進められている。（島田幸司）

考えてみましょう

- 環境・社会に配慮した金融を分類し、それぞれの特徴を考察してみましょう。

引用文献

水口剛「環境と金融の新しい関係－責任ある経済の構築に向けて」『環境管理』Vol.49 No.10、pp.14-17、2013年

国連環境計画金融イニシアティブ・国連グローバルコンパクト「責任投資原則2019」https://www.unpri.org/download?ac=10971（2021年3月13日参照）

サステナブル投資フォーラム「サステナブル投資残高アンケート2020」 https://japansif.com/（2021年3月13日参照）

PRIウェブサイト　https://www.unpri.org（2021年3月13日参照）

さらに勉強したい人のための参考文献

河口真理子『ソーシャルファイナンスの教科書』生産性出版、2015年

湯山智教『ESG投資とパフォーマンス――SDGs・持続可能な社会に向けた投資はどうあるべきか』金融財政事情研究会、2020年

File 10

気候変動と食料供給リスク

地球の土地資源と水資源は 90 億人を養えるのか？

キーワード

農畜産業
●
温室効果ガス
●
資源制約
●
食料自給率
●
緩和と適応
●
プラネタリー・バウンダリー
●
水資源の消費

イントロダクション

近年、気候変動の影響と思われる異常気象が頻発しています。それによって、農産物が被害を受けたというニュースも飛び込んでいます。このまま地球の温暖化が進んだとき、世界の人々を養うことはできるのでしょうか。また、気候変動による影響を軽くする方法はあるのでしょうか。

用語解説

プラネタリー・バウンダリー
Rockström ら（2009）によって提唱された、持続的な人間活動が可能な資源消費の水準。資源消費や環境汚染の程度がある閾値を超えると不可逆的な環境変化が生じるものと考え、その範囲内で「安全に」活動するための限界点。提案された限界点の指標は気候変動、海洋酸性化、成層圏オゾンの破壊、窒素循環、リン循環、水資源利用、土地利用変化、生物多様性の喪失、大気エアロゾル、化学物質汚染の 9 種類。

1 気候変動の食料供給への影響——すでに起きている兆候

近年頻発している異常気象は、気候変動との関係も指摘されている。2018年夏（6～8月）の東・西日本は記録的な猛暑となった。夏の平均気温は東日本で平年比＋1.7℃と1946年の統計開始以降で最も高くなった（気象庁「夏（6～8月）の天候」）。また、同年6月下旬から7月上旬にかけては、前線や台風7号の影響により、西日本を中心に広い範囲で記録的な大雨が降った。さらに世界に目を向けると、2019年の世界の平均気温は観測史上2番目に高い年となり、ヨーロッパ北部から中部では、6月から7月にかけて熱波に見舞われた。これらの個々の気象現象について気候変動との関連を明確に立証することは難しいが、将来さらなる気温上昇が起こればこれらの異常気象の頻度が増加することが予想されている（環境省「令和元年版　環境・循環型社会・生物多様性白書」）。

異常気象の頻発は、食料供給と無関係ではない。たとえば2018年夏において、猛暑と雨不足の影響で、葉物野菜を中心に生育不良が起きた。キャベツは8月上旬時点で東京都中央卸売市場の卸値が1kgあたり117円と前年同期比で9割程度上昇したという（日本経済新聞2018年8月19日付日刊）。また西日本豪雨では21,168haの農地で農産物に被害が出たほか、農地や農業施設の破損により1,400億円以上の損害を被った（農林水産省「平成30年7月豪雨による被害状況等について」）。

このように異常気象は食料供給において重大なリスクとなりうる。異常気象の規模が世界規模となれば、その影響はさらに大きい。気候変動がこのまま進めば、食料生産・供給により強い影響を及ぼすことが想像されよう。さらには、世界の人口は今後も増加し続けることが予想されている。

そのような状況下で将来、気候の変化が起こった場合に、世界の人口を養い続けることは可能なのだろうか。

2 地球の土地資源と水資源――食料生産のための制約要因

まずはこれまでの食料生産の実績とその要因の変化についてまとめる。**図 10-1** は穀物（小麦、とうもろこしや大麦等の粗粒穀物、米）の生産量や収穫面積等の推移を示したものである。1960 年を 100 とすると、生産量は 311.7 と大きく伸びている。一方で、収穫面積は 109.9 と伸び率は小さい。すなわち、この間の生産量の増加は主に面積あたりの収穫量、すなわち単収の増加によって実現しているといえる。なお、この 57 年の間に、世界の人口は 30.3 億人から 75.5 億人と約 2.5 倍に増加している（国連「World Population Prospects」）。

次に、食料生産に必要な資源について考えよう。現在の食料生産、とりわけ耕種農業や畜産業にとって最低限必要な資源は「農地」「水」であろう（もちろん、肥料なども必要不可欠ではあるが）。農地も水も、他の場所に融通することは難しい。水を運ぶことは可能であるが、農業に必要な多量の

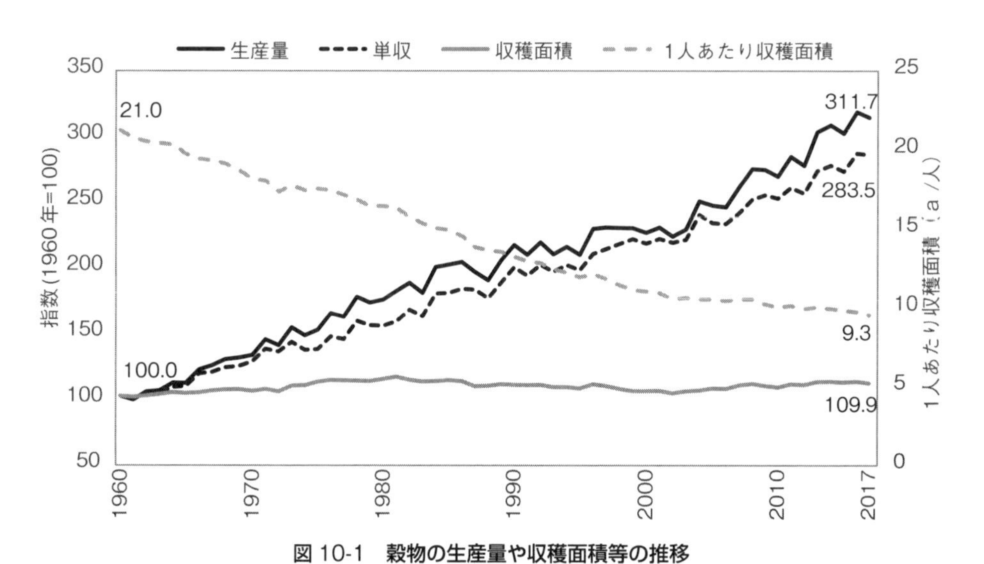

図 10-1　穀物の生産量や収穫面積等の推移

出所：農林水産省「平成 29 年度 食料・農業・農村白書」より改変。

水を遠方に供給することは一般的には現実的ではない（中国の「南水北調」など、例外的な大規模プロジェクトはあるが）。そこで、これらの資源が同じ場所に揃ってはじめて農業生産が可能になる。

それではこれらの資源は、将来の世界人口を支えるために十分なのだろうか？まず、現在の土地資源・水資源の状況から確かめることにする。Fader ら（2013）は、食料供給のための資源制約を明らかにするため、各国で食料の輸出入を行わず食料自給を行うと仮定した場合に必要な土地資源・水資源量を推計し、利用可能な資源量と比較して制約となる要因を示した（**巻頭図 4**）。日本の場合、現状と同じ食料を国内で供給するのに必要な水資源は利用可能であるが、土地資源は不足することがわかる。これは裏を返せば、現状の食生活を維持するために国内の資源のみで需要を満たすことは困難であるということでもある。同様に、自国の資源のみで需要を満たすことができない国は複数存在し、その原因の多くは土地資源、もしくは土地資源と水資源両方の不足によることがわかる。

3 将来の土地・水資源需要の変化

国連の予測（World Population Prospects）によると、2050 年に世界の人口は約 97 億人まで増加するとされている。このような将来の人口増加とそれに伴う食料需要の増加に対し、必要な土地資源や水資源量を推計した研究が複数ある。たとえば棟居・増井（2009）は、IPCC によるいくつかの人口シナリオに基づいて世界の食料供給に必要な農地必要量を推計している。これによると、2050 年の人口が 90 億人程度のシナリオでは、2050 年には 19 億～ 21 億 ha 程度の農地を必要とする。これは、2000 年（15.3 億 ha）と比べて 4 ～ 6 億 ha 程度の追加的な農地の確保が必要であることを意味する。先ほどの Fader らの研究によると、農地として転用可能な未利用地は世界で 13 億 ha と推計されている。数字だけで判断すると需要を満たすだけの農地拡張は可能なように思える。ただし、過去 30 年での

表 10-1　現状と将来における農業由来淡水資源消費量の推計値

投資対象	De Fraiture and Wichelns (2010)	Pfister *et al.* (2011)	Mekonnen and Hoekstra (2011)	Rost S. *et al.*
現状 (km^3/年)	1,570 (2000年)	1,772 (2000年)	945 (1996-2005年)	636 (最小) 1,364 (最大) (1971-2000年)
2050年 (km^3/年)	1,650 (最小) 2,255 (最大)	1,914 (最小) 3,066 (最大)	–	–

出所：橋本・吉川（2017）より改変。

農地の増加は約1億haにとどまっている（FAO「FAOSTAT」）状況と、上記の未利用地に、「森林生産が行われておらずかつ自然保護区域でない森林」も含まれていることを合わせると、持続可能な形で必要な農地を確保するのは決して容易ではないと考えられる。

水資源については食料生産に必要な淡水資源量の将来推計が複数なされている。**表 10-1** は、現状および2050年における淡水資源（かんがい水等による農地への供給）の必要量の推計値を比較したものである。現状の推計値は対象年度や研究により異なるがおおよそ600～1,700km^3/年程度の幅である。2050年には最大で1,650～3,066km^3/年と推計されており、2000年からの増加幅は80～1,294km^3/年と、推計方法やおよび将来シナリオにより差がある。これに対して、人間が利用可能な水資源量はどの程度存在しているだろうか。Rockström ら（2009）は、持続的な人間活動が可能な資源消費の水準を「プラネタリー・バウンダリー」として提案した。その中で、水資源消費として年間4,000km^3という値を示している。この推計は一定の仮定を置いたもので議論の余地はあるが、総じて水資源の地球全体の総量という観点からはプラネタリー・バウンダリーの枠内に収まっているといえる。

このことから、食料供給に必要な土地資源と水資源はともに、2050年においても利用可能な資源ポテンシャルの中に収まりうることが予測される。しかし、土地資源と水資源はいずれも偏在性の強い資源であることに留意しなければならない。地域によってはいずれか、もしくは両方の資源が大きく不足するおそれがあり、それが地域的、あるいは世界的な食料供給に影響を与える可能性は否定できない。

4 将来の気候変動が与えるリスク——食料供給への影響は？

将来の気候変動は食料供給にどのような影響を与えるだろうか。**表10-2**は、作付け品目ごと、地域ごと、気温上昇幅ごとに推定される作物単収の変化についてまとめたものである（FAO「The State of Food and Agriculture 2016」）。幅のある推定値のうち、代表値に着目すると、亜熱帯地域における小麦の単収減が著しいこと、とうもろこしについては、世界全体で見ても単収が減少すると推定されている。一方で、大豆や米に関しては単収が増加する予想もある。気候変化による単収の変化は品目や地域によって異なることがわかる。また、気温上昇の程度によっても変化の程度は異なる。平均気温の上昇1.5℃のケースと2.0℃のケースを比較すると、多くの品目・地域で2.0℃のケースで単収が低くなっている。作物生産の観点において、気温上昇を低く抑えるのが望ましいことが示唆される。

農林水産技術会議の報告「地球温暖化が農林水産業に与える影響と対策」によると、日本では、水稲の単収は北海道では増加し、東北以南では減少することが予想されている。また、リンゴの栽培適地は、気温上昇に伴い北上し、北海道はほぼ全域が適地になる一方、関東以南はほぼ範囲外となるなお、栽培適地の移動が予測される。さらには農産物の品質についても品目により低下が危惧される。たとえば水稲の白未熟粒の増加や、みかんの日焼け果の増加といった現象は、現在も高温障害の被害として報告されており、このような被害が増加することが懸念される。

表 10-2　気候変動による単収の変化

作物	地域	産業革命以前の気温水準と比較した増加率（%）	
		1.5℃	2.0℃
小麦	世界	2（-6〜+17）	0（-8〜+21）
	熱帯地域	-9（-25〜+12）	-16（-42〜+14）
とうもろこし	世界	-1（-26〜+8）	-6（-38〜+2）
	熱帯地域	-3（-16〜+2）	-6（-19〜+2）
大豆	世界	7（-3〜+28）	1（-12〜+34）
	熱帯地域	6（-3〜+23）	7（-5〜+27）
米	世界	7（-17〜+24）	7（-14〜+27）
	熱帯地域	6（0〜+20）	6（0〜+24）

注：かっこ内は66%信頼区間を示す。
出所：FAO（2016）。

5 気候変動による影響を回避する ——農業・食料分野の「緩和」と「適応」

では、気候変動による影響を回避するために、食料供給システムには何ができるだろうか。File 07で学んだように気候変動への対策は「緩和」と「適応」に分類される。これまで見てきたように、農業は気候変動から多大な影響を受けると予想されるが、同時に温室効果ガスの主要な排出源でもある。農林水産業由来の温室効果ガス排出量に、収穫後を含めた関連する温室効果ガス排出を加えると、世界全体の人為的な排出量の21〜37%を占めると推計されている（IPCC「Climate Change and Land」）。農林水産業由来の温室効果ガスは、窒素の施肥や牛など家畜の消化管発酵、家畜排せつ物管理、稲作による水田からのメタン排出、農業機械の燃料消費による排出など多岐にわたる。これらの排出量を削減することが、将来の影響を低減することにつながる。

将来起こり得る影響に対応する適応策では、変化した気候に応じた品目への作付け変更、高温や異常気象に強い品種改良などが考えられる。日本では高温障害に強い水稲品種（たとえば「にこまる」等）の開発・普及が進みつつある。また、水稲の作付け時期を遅くすることで、品質の低下（胴割れ米の発生）を防ぐ栽培技術なども提案されている。

このように、気候変動による影響を予測するとともに、新たな技術や栽培の工夫によって、食料生産への影響を最小限にする取り組みが行われている。農林水産業における緩和策とともに、将来起こり得る気候変動を踏まえた持続可能な食料生産システムの構築が求められる。（吉川直樹）

考えてみましょう

- 気候変動やその他の要因により食料需給がひっ迫した場合、食料輸入国は大きな影響を受けることが予想されます。仮に食料を輸入できなくなった場合、日本はどの程度食料を自給することができるでしょうか。調べてみましょう。（農林水産省が「食料自給力」という指標を計算しています。）
- 食料の生産者のみならず、消費者も気候変動の緩和に向けて直接間接に貢献することができます。消費者はできることはどのようなものがあるか、考えてみましょう。

引用文献

環境省「令和元年版　環境・循環型社会・生物多様性白書」http://www.env.go.jp/policy/hakusyo/r01/pdf.html

国際連合“World Population Prospects”https://population.un.org/wpp/

日本経済新聞「世界的猛暑、農産物襲う、値上げ、秋にも食卓に、小麦６年ぶり減産、オレンジ品質悪化」2018年8月19日付日刊

農林水産省「平成30年7月豪雨による被害状況等について」https://www.maff.go.jp/j/saigai/ooame/20180628.html

農林水産省　農林水産技術会議「地球温暖化が農林水産業に与える影響と対策」

Intergovernmental Panel on Climate Change “Climate Change and Land”, 2020.

橋本征二・吉川直樹「第2章5　生物資源の利用と地球の境界（Planetary Boundaries）」

『持続可能な開発目標とは何か――2030年へ向けた変革のアジェンダ』ミネルヴァ書房、2017年、57-63頁。

棟居洋介・増井利彦「IPCC排出シナリオ（SRES）にもとづいた世界の農地必要量の変動要因分析」、『環境科学会誌』22（2）、2009年、73-90頁。

Fader M, GertenD, KrauseM, Lucht W, Cramer W "Spatial decoupling of agricultural production and consumption: quantifying dependences of countries on food imports due to domestic land and water constraints", Environmental Research Letter, 8, 2013, 014046.

FAO "The State of Food and Agriculture 2016", 2016. http://www.fao.org/publications/sofa/2016/en/

FAO（国連食糧農業機関）「FAOSTAT」http://www.fao.org/faostat/en/

Rockström J, W. Steffen, K. Noone, *et al* "A safe operation space for humanity", Nature, 461, 2009, pp472–475.

さらに勉強したい人のための参考文献

IPCC 第5次評価報告書 「気候変動2014――影響・適応・脆弱性」https://www.ipcc.ch/report/ar5/wg2/

農林水産省「気候変動と農林水産省」https://www.maff.go.jp/j/kanbo/kankyo/seisaku/climate/index.html

コラム6　食の国際統計「FAOSTAT」

世界の食料需給に関心のある人は、ぜひ FAO（国連食糧農業機関）の国際統計データベース「FAOSTAT」をチェックしてほしい。FAO の収集する、農業に関わる統計データが数多く公開されており、パソコンやタブレット、スマートフォンなどからアクセスできる。その収録分野は食料生産、貿易、食料需給、食料価格、人口、肥料農薬等の投入物、投下資本、農業環境指標、温室効果ガス、林業、食料援助など多岐にわたる。これらの分野にまたがる各種指標が、200 を超える国と地域について 6 カ国語（英語、フランス語、中国語、ロシア語、スペイン語、アラビア語）で収録されている。データはウェブサイト上で確認することもできるし、必要なデータを抽出してダウンロードすることも可能である。データをダウンロードすれば、たとえば図のように知りたい情報をグラフや表として自由に加工することができる。

これらのデータを国際機関ではなく各国から収集するのは非常に骨が折れる。複数の情報源をたどる必要がある、言語が異なる、集計方法が異なり比較がしにくい、など困難が伴う。FAOSTAT は各国から統一的な形式でもって情報を収集しているため、各国のデータがワンストップで手に入り、容易に比較することができる。

FAO では、FAOSTAT 以外にも、いくつかのデータベースを公開している。たとえば、水に関わるデータベースである AQUASTAT や、漁業や養殖に関わるデータベース FishStat などである。これらの各種統計を組み合わせて分析すれば、食料需給やあるいは食料と環境に関わる現状への理解を深めることができるだろう。（吉川直樹）

◎ FAOSTAT　http://www.fao.org/faostat/en/
◎ AQUASTAT　http://www.fao.org/aquastat/en/
◎ FishStat　http://www.fao.org/fishery/statistics/en

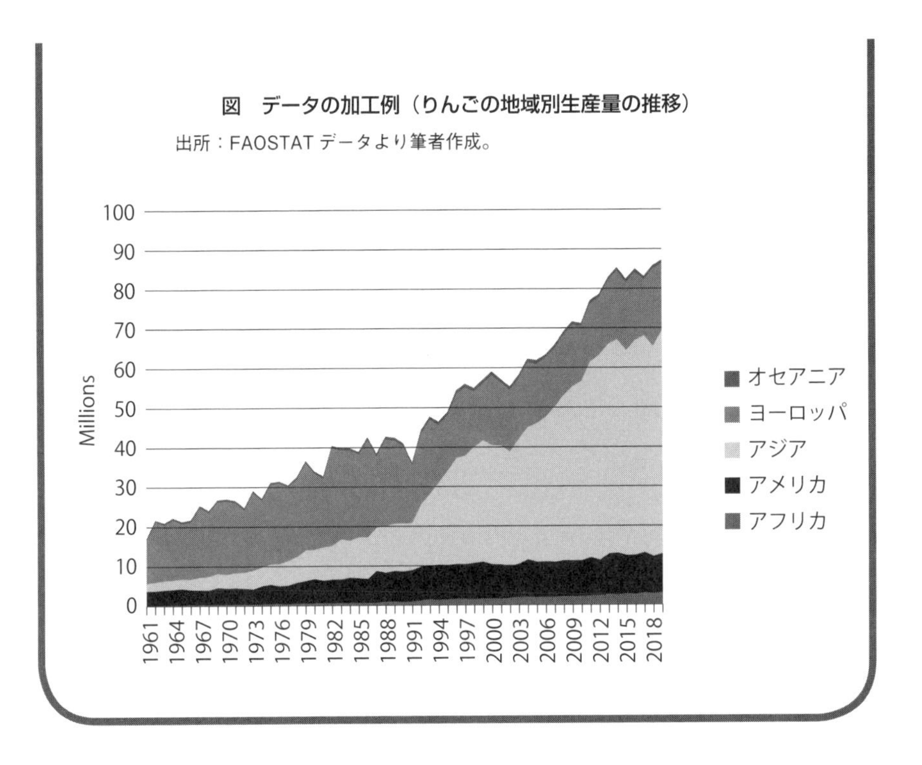

図　データの加工例（りんごの地域別生産量の推移）

出所：FAOSTAT データより筆者作成。

File 11

植物肉・昆虫・藻類の可能性

健康と環境のための肉食離れは本物か？

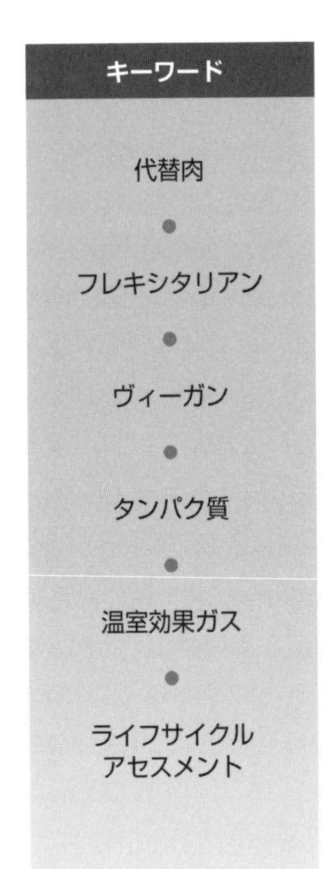

イントロダクション

畜産業が気候変動に及ぼす影響が指摘されるなか、欧米では肉食を避けるライフスタイルが少しずつ浸透してきています。それに伴い、肉に代わるタンパク源が開発、商品化されています。このような食生活は、今後、一過性のブームに終わらず定着していくのでしょうか。また、代替タンパク質の環境負荷が低いというのは本当でしょうか。

用語解説

ライフサイクルアセスメント
(Life Cycle Assessment)
製品やサービスの生産から消費に至るすべての過程（ライフサイクル）で発生する環境負荷を定量的に評価すること。略して LCA と呼ばれる。サプライチェーンを通じた環境負荷の大きさを客観的に分析・比較することができる。

1 肉食を避ける食生活の浸透
——ベジタリアン、ヴィーガン、フレキシタリアン

欧米を中心に、肉食を避ける食生活を選ぶ人が増加している。調査によると、アメリカでは2014年から2017年の間にヴィーガンが500％増加して1,960万人に達し、また人口の約3分の2が2015～2018年の3年間で肉を食べる量を減らしたという（Alcorta *et al.* 2021）。また、オーストラリアではベジタリアンとフレキシタリアンを合わせた人口が2012年から2016年の間に全体の9.7％から11.2％に増加したという（Roy Mogan Research 2016）。一般的にベジタリアンは肉や魚の摂取を避け、卵や乳製品やハチミツは摂る。対してヴィーガンは徹底的な菜食主義（者）のことで、肉や魚のみならず乳製品や卵など動物由来の食品を摂取しない。また、フレキシタリアンは「柔軟な菜食主義（者）」で基本的にはベジタリアンと同様の食生活であるが、時と場合に応じて肉や魚を柔軟に取り入れる。菜食主義の考え方には共感するが、制約に厳密に従うよりも生活に気軽に取り入れたいと考える層である。このフレキシタリアンは、肉食を減らすことによる健康上のメリットに期待しているだけでなく、畜産のもたらす環境負荷を減らすことを意識していることが多い。

このように、肉食を避ける消費者は多様化かつ拡大しており、増大するニーズに対応して代替タンパク源の市場が拡大している。矢野経済研究所によると、2020年における代替肉（ここでは植物由来肉・培養肉を指す）の世界市場規模はメーカー出荷金額ベースで約2,570億円、2030年には約1兆8,720億円に成長すると予測されている。また、アメリカにおける代替乳製品（豆乳やオーツミルク等）市場は、2009年から2015年の間に2倍以上に増加し、210億ドルに達したという（Silva *et al.* 2020）。

本章では代替タンパク源のうち、畜産による食肉の代替製品、すなわち代替肉に着目する。植物性の素材のみで食肉を再現した植物肉、細胞培養

により生産される肉（培養肉）、また昆虫食や藻類の活用の動向と、環境への影響に関わる現在の知見について述べる。

2 植物肉の普及

植物肉は、大豆などの植物由来のタンパク源に、植物油脂や調味料など植物由来の副原料を加えて食肉に近い味や食感、見た目を再現した製品である（図1）。同様の製品は以前から存在したが、近年の技術革新によりその品質が高まっている。その動きを牽引してきたのが米スタートアップのインポッシブル・フーズ（Impossible Foods）社とビヨンドミート（Beyond Meat）社である。両社は2010年前後に創業し独自技術により再現性を高めた製品、たとえばハンバーガー用パティやソーセージ、ミートボール等を販売し、急成長を遂げている。インポッシブル・フーズはタンパク源として大豆を、ビヨンドミートはエンドウ豆・緑豆・玄米などを用い、ココナッツオイル等の油脂や結着材、調味料などの副原料を合わせることにより肉の味・食感・栄養に近づけた製品を作り上げている。2020年のアメリカでは、コロナ禍により一部の食肉工場が一時的に操業を停止し、品薄により牛肉の価格が上昇した。その際でも植物肉は変わらず生産することができたことから価格差が薄まり、この期間の植物肉の需要は大きく伸長した。

日本でも、国内メーカーや外食・小売が植物肉への参入を始めている。食肉大手の日本ハム・伊藤ハム、食品メーカーの不二製油グループ本社や大塚食品、ニチレイフーズや味の素と業務提携を行うスタートアップのDAIZなどが植物肉の開発、製造を行い、モスフードサービスなどの外食産業やセブンイレブン、イオンなど小売業での採用も進んでいる。今後の市場の拡大が見込まれる。

3 昆虫食・藻類・培養肉の可能性

植物肉以外にも環境負荷の低いタンパク源として開発・生産されているものがある。たとえば昆虫は、畜産よりも飼料効率が高く、より少ない飼料で生産できるとして各地で研究開発が進んでいる。昆虫食自体の歴史は古く、FAO（国連食糧農業機関）「Edible insects：Future prospects for food and feed security（食用昆虫：食料と飼料の安全保障に向けた将来展望）」によると世界で約1,900種類の昆虫が食されている。そのうち養殖による生産が行われているのは9種程度であるとされている（EFSA Scientific Committee 2015）。近年参入する事業者にとっての昆虫食の課題は、より環境負荷の低い生産方式の追求や、消費者に受け入れられやすい製品の開発である。日本では、無印良品が、「コオロギせんべい」を2020年5月に発売した。雑穀を中心にしながらも雑食性の昆虫であるコオロギは、徳島大学発のベンチャー企業、グラリスより提供を受けている。コオロギをパウダー状にしてせんべいに練りこむことで、食べなれない消費者の抵抗感を和らげている。近年の昆虫食への注目は2013年に発行されたFAOの上記報告書がきっかけであるといわれている。同報告書では、食用および飼料用における栄養価の高さや肉類と比較した環境負荷の低さ、食料安全保障の観点から、昆虫食の可能性は非常に大きいと結論付けた。

微細藻類は、光合成により効率よく増殖できることから、こちらも環境負荷の低いタンパク源として期待されている（**図11-2**）。微細藻類は従来からバイオ燃料の生産にそのポテンシャルが着目されていた。また、スピルリナやクロレラ、ユーグレナ等が健康食品として生産されてきた。近年ではこれをタンパク源として広く食品に利用することを目指し、研究開発が進められている（日本の株式会社タベルモなど）。

培養肉は、ウシなどの動物から取り出した細胞を体外で組織培養することによってつくられる。環境負荷の高い畜産を避けられることから、持続

開放系培養方法：オープンポンド
設備保有者／ビューテック

閉鎖系培養方法：フォトバイオリアクター
設備保有者／ Sarawak Biodiversity Centre

図 11-2　藻類の大量培養方法の例

出所：株式会社ちとせ研究所「藻ディア」より転載　https://modia.chitose-bio.com/what_is_the_charm_of_algae/

可能な食肉として期待されている。2013年にマーストリヒト大学のマーク・ポスト氏が培養肉によるバーガーを初めて発表した。その際のコストは1個25万ユーロと非常に高価だったという。同氏はモサ・ミート社を設立し、研究開発を続けている。日本では、東京大学と日清食品が従来の技術では難しい牛ステーキ肉の再現を目指して研究を進めている。

4 代替タンパク源と環境負荷

最近の代替タンパク源の開発・研究は、環境負荷の低減を目指していることが特徴である。畜産は多くの飼料を必要とし、そのための農地と水資源を必要とする。また、飼料生産や家畜排せつ物の管理、ウシの消化管発酵などに由来して温室効果ガスを排出する。代替肉を普及させることで、持続可能なタンパク質の供給を目指しているのである。これらの代替タンパク質は、環境負荷が低い食品といえるのだろうか。

まずは環境への影響について、ライフサイクルアセスメントの観点から環境負荷を定量的に評価した例を紹介したい。植物肉に関しては、ビヨン

表 11-1　植物肉の環境負荷の評価例

環境負荷の種類	牛肉を 100 としたときの植物肉の環境負荷
温室効果ガス	10.3
エネルギー消費	54.0
土地利用	7.1
水使用	0.5

出所：Heller and Keoleian 2018 より改変。

ドミート社から研究を受託したミシガン大学の研究者が成果を報告している。これによると、4分の1ポンド（約113グラム）の植物肉「ビヨンド・バーガー」が生産されて小売店に届くまでに二酸化炭素換算で3.4kgの温室効果ガスを排出するという。これは一般的な牛肉の約10分の1であった。また、排出量の57%が原材料の生産に由来するものであった。他の環境負荷に関しても牛肉よりも低く、たとえば土地利用は約10分の1、水資源の使用は約200分の1であった（Heller and Keoleian 2018）。豆類を原料とした製品を対象とした他の研究でも、タンパク質含有量あたりの温室効果ガス排出量は、豚肉と比較して6分の1と、低いことが示されている（Zhu and Ierland 2004）。

同様に食用昆虫についてライフサイクルアセスメントの考えに基づき評価した例を示す。ミールワーム養殖に関する研究（Oonincx and Boer 2012）では、温室効果ガスの排出量は牛肉や豚肉と比べて低く、鶏肉と同等程度であるという。また、土地利用は牛肉・豚肉・鶏肉と比べて少なく済む。一方、タイでのコオロギ養殖を扱った研究によると、その生産で排出される温室効果ガスは鶏肉の3分の2であった。今後大規模化が進めば生産効率が高まり、排出量をさらに3割程度削減できるという。藻類の事例として、珪藻類を扱った研究では、タンパク質1kgあたりの温室効果ガス排出量は、生産方法によって、大豆と同等程度から2倍程度であり、水の消

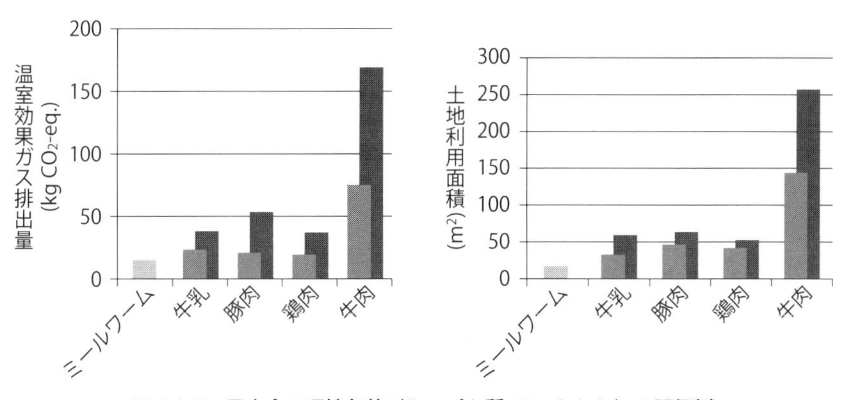

図 11-3　昆虫食の環境負荷（タンパク質 1kg あたり）の評価例

注　：牛乳〜牛肉の２本の縦棒は最小および最大の推計値を示す。
出所：Ooinincx and Boer 2012 より転載。

表 11-2　藻類由来のタンパク質の生産による環境負荷の評価例

環境負荷の種類	タンパク質 1kg あたりの環境負荷（大豆 =1 とする）	
	オープンポンド	フォトバイオリアクター
温室効果ガス	1.9	1.0
水使用	7.4	0.0004

出所：Draaisma *et al.*, 2013 より筆者作成。

費量は生産方式によっては大豆の 200 分の 1 以下にすることが可能であるという（Draaisma *et al.* 2013）。

これらの研究の大部分はケーススタディであり、ある一定条件の下での計算である。そのため、いつでもどこでも同様の結果となるわけではない。たとえば、場所がかわれば気候や土壌の条件が変わり、農業に関わる環境負荷は変わってくる。また比較対象である牛肉・豚肉・鶏肉といった赤身肉の計算結果も、研究により異なっている。それでもこれらのデータから、代替タンパク源は赤身肉よりも、温室効果ガスや水資源の消費等の環境負荷が一般的に低いということが推察できる。なお、培養肉については実験室レベルの開発段階であり、商業規模での生産を行った際の環境負荷は明らかではない。今後の研究が待たれる。（吉川直樹）

考えてみましょう

- 食肉は食品の中でも重量あたりの環境負荷が高いとされています。食肉生産のどのような工程で環境負荷が多く排出されているのでしょうか。ライフサイクルアセスメント（LCA）の事例を調べてみましょう。
- 代替タンパク質を普及させるには、消費者の需要性を高めることが重要であるとされています。消費者が新しい食品を受け入れてもらうには、どのような手段が有効でしょうか。

引用文献

株式会社矢野経済研究所　代替肉（植物由来肉・培養肉）世界市場に関する調査を実施（2020年）https://www.yano.co.jp/press-release/show/press_id/2430

A. Alcorta, A.Porta, A. Tárrega, M.D. Alvarez, M.P. Vaquero "Foods for Plant-Based Diets: Challenges and Innovations" Foods,10, 2021, 293. https://doi.org/ 10.3390/foods10020293

René B Draaisma, René H Wijffels, PM（Ellen）Slegers, Laura B Brentner, Adip Roy and Maria J Barbosa "Food commodities from microalgae", Current Opinion in Biotechnology,24,2013, pp. 169–177.

EFSA Scientific Committee "Risk profile related to the production and consumption of insects as food and feed", EFSA Journal, 4257, 2013. http://dx.doi.org/ 10.2903/j.efsa.2015.4257.

FAO "Edible insects：Future prospects for food and feed security", 2013.

Martin C. Heller and Gregory A. Keoleian "Beyond Meat's Beyond Burger Life Cycle Assessment: A detailed comparison between a plant- based and an animal-based protein source", the University of Michigan Document, 2018.

Dennis G. A. B. Oonincx and Imke J. M. de Boer "Environmental Impact of the Production of Mealworms as a Protein Source for Humans – A Life Cycle Assessment", PLOS ONE, 7（12）, 2012, e51145.

Roy Mogan Research "The slow but steady rise of vegetarianism in Australia"

Aline R.A. Silva, Marselle M.N. Silva, Bernardo D. Ribeiro "Health issues and technological aspects of plant-based alternative milk", Food Research International, 131, 2020, 108972.

Xueqin Zhu and Ekko C. van Ierland "Protein Chains and Environmental Pressures: A Comparison of Pork and Novel Protein Foods", Environmental Sciences, 1（3）, 2004, pp. 254-276.

さらに勉強したい人のための参考文献

Senorpe Asem-Hiablie, Thomas Battagliese, Kimberly R. Stackhouse-Lawson, C. Alan Rotz "A life cycle assessment of the environmental impacts of a beef system in the USA", The International Journal of Life Cycle Assessment, 24, 2019, pp. 441–455.

Alejandro D. González, Björn Frostell, Annika Carlsson-Kanyama "Protein efficiency per unit energy and per unit greenhouse gas emissions: Potential contribution of diet choices to climate change mitigation", Food Policy, 36, 2011, pp. 562–570.

File 12

食の安全保障と食料自給率

食料自給率をどこまで上げる必要があるのか？

キーワード

食料自給率
●
農作物自由化
●
農業保護政策
●
TPP
●
食料安全保障

イントロダクション

日本の食料自給率の低さが問題であるというニュースをみかけることがあります。食料自給率が低いとどのような問題があるのでしょうか？また日本の食料自給率は本当に低いのでしょうか？どの程度の食料自給率があったら安心であると言えるのでしょうか？

本章では、食料自給率の考え方を学びながら、地球全体の持続可能性において重要な課題である「食料安全保障」の概念と目指す目標、政策について学びます。

用語解説

貿易の自由化
関税や輸入数量制限などの非関税障壁を緩和・撤廃し、貿易面での国際間の交流を自由にすること。輸入品に対して、WTOの取り決め以上の高い関税をかけたり、輸入数量を制限するのをやめること（輸入自由化）をいう場合が多い。

1 食料自給率の計算方法と日本の現状

国の食料生産状況を評価する指標として食料自給率があり、食料供給に対する国内生産の割合を示す。食料自給率の表し方として、重量で計算することができる品目別自給率と、食料全体について共通の「ものさし」で単位を揃えることにより計算する総合食料自給率の2種類がある。ニュースなどで使われる食料自給率は総合食料自給率である。総合食料自給率には、熱量で換算するカロリーベースと金額で換算する生産額ベースがある（農林水産省）。

カロリーベース総合食料自給率

カロリーベース総合食料自給率は､基礎的な栄養価であるエネルギー（カロリー）に着目して、人々に供給される熱量（総供給熱量）に対する国内生産の割合を示す指標である。

$$\text{カロリーベース総合食料自給率} = \frac{\text{1人1日当たり国産供給熱量}}{\text{1人1日当たり供給熱量}}$$

供給熱量は､「日本食品標準成分表」に基づき、各品目の重量を熱量（カロリー）に換算したうえで、それらを足し上げて算出する。

生産額ベース総合食料自給率

生産額ベース総合食料自給率は、経済的価値に着目して、国民に供給される食料の生産額（食料の国内消費仕向額）に対する国内生産の割合を示す指標である。

$$\text{生産額ベース総合食料自給率} = \frac{\text{食料の国内生産額}}{\text{食料の国内消費仕向額}}$$

金額は、「生産農業所得統計」の農家庭先価格等に基づき、各品目の重量を金額に換算したうえで、それらを足し上げて算出する（農林水産省ウェ

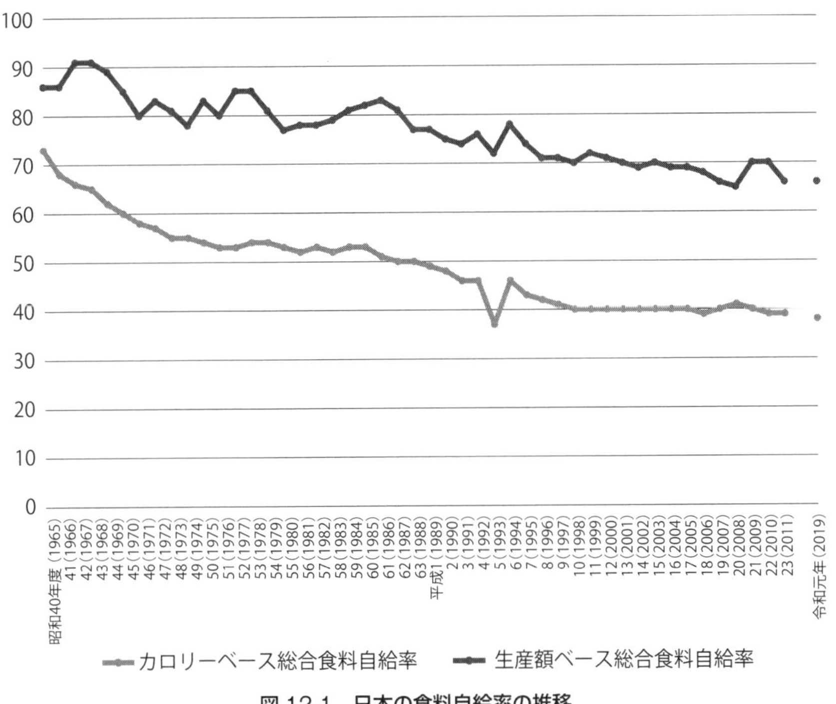

図 12-1　日本の食料自給率の推移

出所：農林水産省「食料需給表」より著者作成。

ブサイト「食料自給率とは」より)。

図 12-1 は、日本の生産額ベースとカロリーベースの食料自給率の推移を表したものである。同じ食料自給率でも、生産額ベースとカロリーベースとはかなり異なる数値で表されることがわかる。**図 12-2** は食料自給率を各国と比較したものである。他国と比べて日本のカロリーベース食料自給率が低いことが指摘されることがあるが、これはカロリーベースによる食料自給率のデータに基づいている。日本の食料自給率が低い原因として、畜産における輸入飼料の利用割合が高いことが1つある。飼料には、乾草、サイレージ、稲わら等の粗飼料と、とうもろこし、大豆油かす、こうりゃん、大麦等の濃厚飼料がある。日本では需要量の約8割を濃厚飼料が占め、

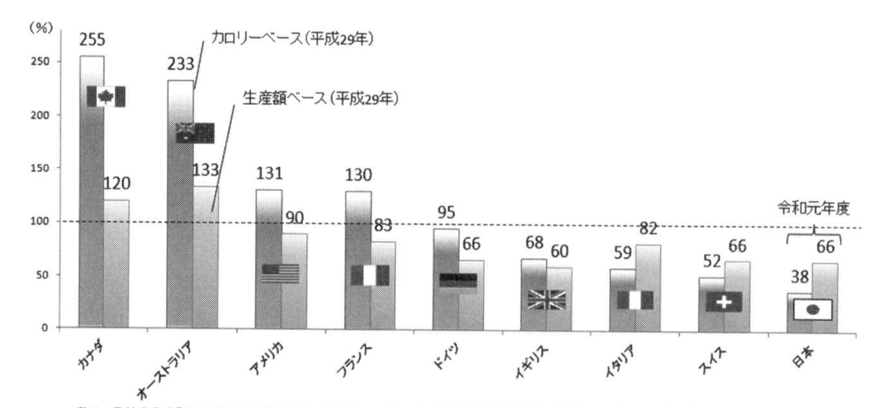

資料：農林水産省「食料需給表」、FAO "Food Balance Sheets"等を基に農林水産省で試算。（アルコール類等は含まない）
注１：数値は暦年（日本のみ年度）。スイス（カロリーベース）及びイギリス（生産額ベース）については、各政府の公表値を掲載。
注２：畜産物及び加工品については、輸入飼料及び輸入原料を考慮して計算。

図 12-2　日本と諸外国の食料自給率

出所：農林水産省「世界の食料自給率」。

飼料自給率は全体で2019年には25%であった。輸入飼料を与えた畜産物は国産に算入されないことから、全体的な食料自給率が低くなる。また、カロリーベースで計算すると、野菜はカロリーが低く、肉はカロリーが高くなる。野菜は肉に比べ自給率が高いが、カロリーが低いため、全体的な食料自給率に反映されづらいことがある。生産額ベースの食料自給率がカロリーベースの食料自給率より高い数値となるのはそれが原因である。**図12-2** の生産額ベースの食料自給率を各国と比較すると、カロリーベースの食料自給率では日本の食料自給率の低さが強調されるが、生産額ベースでは極端に各国と比べて食料自給率が低くないことがわかる。

2 農作物貿易の自由化と農業保護政策

日本の食料自給率の低さが課題になるなかで、自国の農業を保護するために輸入する農作物に関税を課す国と、関税を撤廃し、貿易の自由化を進め、自国の農作物を輸出する国とに二極化している。欧米の先進国は、自国の農業を積極的に保護している。欧州では、第二次世界大戦後に設立された欧州経済共同体により、共通農業政策（CAP: Common Agricultural Policy）が実施され、農業者の所得水準の確保に努めている。社会も安定し、農業生産技術も向上することで、農作物の供給過多となった際には、自国の農作物の価格を安定させるために、発展途上国に余剰農作物は「援助」として、無償で送るなどしている。このことから、発展途上国の農作物の価格の低下や、農業の衰退などの悪影響を及ぼす問題が生じている。

一方、日本では周辺諸国からの圧力により、農水産物の関税撤廃が進められている。参加の是非について日本中で大きな議論となったTPP（環太平洋パートナーシップ協定：Trans-Pacific Partnership Agreement）に2013年に日本は参加した。カナダ、メキシコ、ペルー、チリ、ニュージーランド、オーストラリア、ブルネイ、シンガポール、マレーシア、ベトナムの合計11カ国が参加し、2018年TPP11協定は発効され、加盟国間の農水産物の関税を段階的撤廃し、自由貿易の促進と拡大が進められている。関税の撤廃には賛否両論あり、引き続き議論されている。日本の農作物を海外に輸出することで、日本の農業を活性化する可能性はあるが、農作物を輸出できる農家は限られる。そのため、農村の持続可能性の観点からは、既存の農業のままでは持続できない農村が出てくるのは明らかである。そのような持続不可能になる農村をどうするかは、今後の大きな課題となっている。

3 食料安全保障

国際的な食の課題として「食料安全保障（Food Security）」がある。日本では、食の安全が課題にされることが多く、食料安全保障といわれてもピンとこない人もいるだろう。国際的な持続可能性の大きな課題としては、SDGsにおける目標1と目標2に位置づけられる、貧困と飢餓の問題である。いかに全ての人が食を確保できるかが国際的な食に関する重要な課題である。国連食糧農業機関（FAO）では食料安全保障は以下の通りに定義されている。

全ての人が、いかなる時にも、活動的で健康的な生活に必要な食生活上のニーズと嗜好を満たすために、十分で安全かつ栄養ある食料を、物理的、社会的及び経済的にも入手可能であるときに達成される状況。

食料安全保障には4つの要素があるとされている。1つ目は、Food Availability（供給面）であり、適切な品質の食料が十分な量供給されているか？という視点、2つ目は、Food Access（アクセス面）であり、栄養ある食料を入手するための合法的、政治的、経済的、社会的な権利を持ちうるか？という視点、3つ目は、Utilization（利用面）であり、安全で栄養価の高い食料を摂取できるか？という視点、4つ目に、Stability（安定面）であり、いつ何時でも適切な食料を入手できる安定性があるか？という視点である。

日本の人口は減少していることが大きな問題となっているが、世界全体でみると、世界の人口は依然として増加傾向であり、2050年には97億人となり、現在より約20億人増えると予測されている。また、気候変動により異常気象が頻発し、農作物の生産被害が拡大している。また新興国といわれる国々の経済発展により、食生活が変化し、十分な食料を供給できない恐れが指摘されている。

Food Availability 供給面	Food Access アクセス面	Utilization 利用面	Stability 安定面
・適切な品質の食料が十分な量供給されているか？ ・食料生産・備蓄・輸入、食料援助	・栄養ある食料を入手するための合法的，政治的，経済的，社会的な権利を持ちうるか？ ・公平な分配、負担できる価格、市場の整備	・安全で栄養価の高い食料を摂取できるか？ ・食の安全、栄養、衛生、健康	・いつ何時でも適切な食料を入手できる安定性があるか？ ・左3つの柱が、経済・政治・環境的に供給不足にならないようにするリスク管理

図12-3　食料安全保障の4要素

出所：外務省「日本と世界の食料安全保障」資料より筆者作成。

日本では、人口減少に伴い、必要な食料も減少するので、農業が衰退しても食料生産が減少することは大きな問題がないと考える場合もある。しかしながら、世界的に食料不足が懸念されるなかで、地域、国の中だけの視点ではなく、地球規模の食料生産を視野に食料安全保障を検討する必要がある。（吉積巳貴）

考えてみましょう

- 日本の食料自給率（カロリーベース）はなぜ低いのでしょうか？
- 農作物の貿易を自由化することのメリットとデメリットは何でしょうか？
- 日本における食料安全保障の４要素ごとの課題は何でしょうか？また関心がある海外の国の食料安全保障の課題も考えてみましょう。どのような違いがあるか、なぜそのような違いが生じているか考えてみましょう。

引用文献

外務省「日本と世界の食料安全保障」https://www.mofa.go.jp/mofaj/files/000022442.pdf

農林水産省「EU の農業政策」https://www.maff.go.jp/j/kokusai/kokusei/kaigai_nogyo/k_seisaku/eu.html

農林水産省「食料自給率とは」https://www.maff.go.jp/j/zyukyu/zikyu_ritu/011.html

農林水産省「食料需給表」https://www.maff.go.jp/j/zyukyu/fbs/index.html

FAO statistical pocket book 2012 、World Food and agriculture (http://www.fao.org/3/i2493e/i2493e.pdf)

農林水産省「世界の食料自給率」https://www.maff.go.jp/j/zyukyu/zikyu_ritu/013.html

羽村康弘「EU の共通農業政策（CAP）の現状及び今後の方向性における政治的要因等の検討：農産物貿易政策を中心に」農林水産政策研究所［主要国農業政策・貿易政策］プロ研資料 第１号、2020年

さらに勉強したい人のための参考文献

小泉達治『グローバル視点から考える世界の食料需給・食料安全保障――気候変動等の

影響と農業投資』農林統計協会、2017年
中村靖彦『日本の食糧が危ない』岩波新書、2011年
大泉一貫『フードバリューチェーンが変える日本農業』日本経済新聞出版、2020年

コラム7　貧困をどう測るか？

SDGsの最初の目標でもある「貧困」問題。貧困をどのように測ることができるだろうか？貧困の定義は時代によって変化しており、さまざまな定義がある。国際政策分野では、世界銀行が国際貧困ラインとして定義する「1日 1.90ドル未満で暮らす人の比率」が使われることが多い。貧困には、必要最低限の生活水準が満たされていない状態の「絶対的貧困」と、ある地域社会の大多数よりも貧しい状態の「相対的貧困」という見方がある。先進諸国では、「相対的貧困」が使用される。

国際協力の分野において、援助すべき「貧困」問題とは何なのかを検討するために「貧困」の定義が重要になってくる。初期は、貧困は食料の生産性の問題だけだと考えられていたが、市場競争における市場の失敗によってもたらされた飢饉が食料不足から起こるだけではなく、食料分配における不平等からも起こり、貧困者社会において民主主義がなかったことが原因であることを、ノーベル経済学賞を受賞したアマルティア・センにより説明された。そして、アマルティア・センにより、「潜在能力アプローチ（capability approach)」が発表され、従来の経済評価のみではなく、貧困の評価方法が研究されるようになる。その結果、貧困を「教育、仕事、食料、保健医療、飲料水、住居、エネルギーなど最も基本的な物・サービスを手に入れられない状態のこと」と定義し、長寿で健康な生活（出生時平均余命)、知識（成人識字率と初等・中等・高等教育の総就学率)、人間らしい生活（1 人当たりの国内総生産）の 3つの分野から算出する「人間開発指数」という人間開発の達成度を図る指標が作成された（図 15-5)。この指標を用いて、SDGsにおける貧困問題の評価が国連によって行われている。(吉積巳貴)

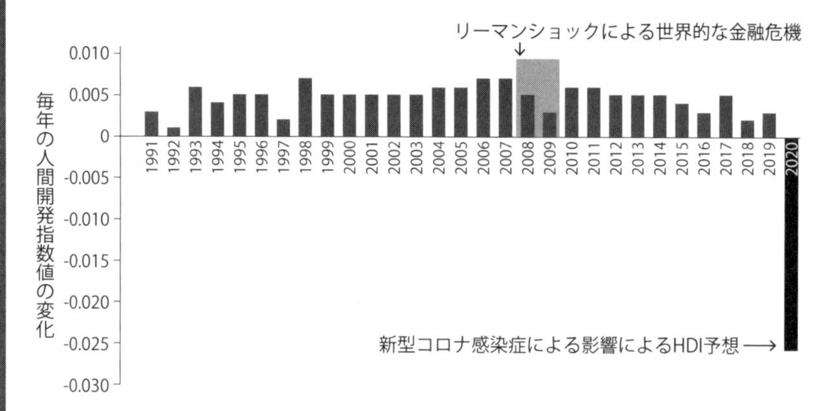

図 15-5　人間開発指数の推移

出所：国連開発計画『人間開発報告書 2020』より筆者が翻訳して作成。

File 13

生物多様性の損失

なぜ自然を保全すべきなのか？

キーワード

生物多様性の保全
●
生態系サービス
●
森林管理
●
自然資源
●
自然災害

イントロダクション

地球上には多様な生物が存在し、それぞれつながりをもちながら生物多様性を形成しています。この生物多様性が失われつつあることが世界的にも問題視されています。なぜ生物多様性が必要で、私たちの生活に一体どのような影響があるのでしょうか？

用語解説

生物多様性及び生態系サービスに関する政府間科学 - 政策プラットフォーム
生物多様性と生態系サービスに関する動向を科学的に評価し、科学と各国政策のつながりを強化するための政府間組織。「気候変動に関する政府間パネル」（IPCC）を参考に、生物多様性の科学的評価、能力開発、知見生成、政策立案支援を目的に、2012 年 4 月に設立。事務局はドイツのボン。

1 生物多様性の減少と人間の生活への影響

地球上には3,000万種もの多様な生きものが存在するといわれている。これらの多様な生物は、「食べる、食べられる」といった食物連鎖を通した直接的な関係であったり、生物が生きていくために必要な環境要素である水・空気・土を整えたりするなどの間接的なつながりを形成しながら生態系を構成している。

生物多様性には、3つの多様性がある（図13-1)。1つは、生態系の多様性で、森林や里地里山、河川、湿原、干潟やサンゴ礁などの自然環境の多様性である。2つ目は、種の多様性で、動植物から細菌などの微生物などの色々な生き物の多様性である。3つ目は、遺伝子の多様性で、同じ種でも異なる遺伝子により形や模様、生態などの多様性である（環境省「生物多様性とは」より)。

近年この生物多様性の損失が加速度的に進んでいることが指摘されている。約40億年もの地球の長い歴史の中で、たくさんの生物種が誕生し、気象や地形などの環境の変化や種間の競争により、多くの生物が絶滅していった。しかしながら、過去50年の間に地球の歴史が始まって以来のスピードで生物種の絶滅が進行している（図13-2)。2019年5月に開催された「生物多様性及び生態系サービスに関する政府間科学-政策プラットフォーム（IPBES)」において、すでに動植物約100万種が絶滅の危機にあり、現在の絶滅速度は、過去1,000万年間の平均に比べて10～100倍以上であり、さらに加速しているといると発表されている。

この生物多様性減少の問題は、我々の生活をどう脅かすのだろうか？IPBESの報告では、この生物多様性の減少により、食料の安定確保に大きな問題が生じると警告している。例えば、記録されている家畜哺乳類6,190品種のうち559品種（約9%）が2016年までに絶滅し、少なくとも1,000品種が危機に瀕している（IPBES　2019)。また、将来的に気候変動や害虫、病原体への農業の抵抗力が低下することも指摘されている。

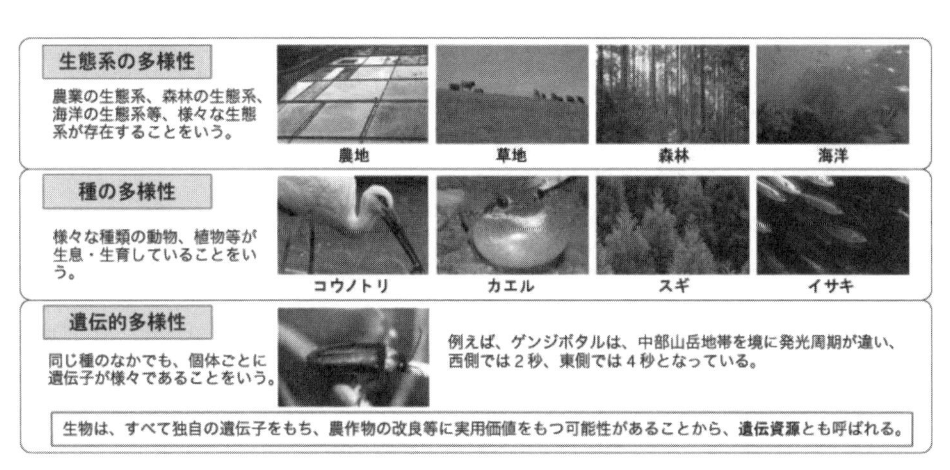

図 13-1　３つのレベルの生物多様性

出所：農林水産省「平成 19 年度　食料・農業・農村白書」。

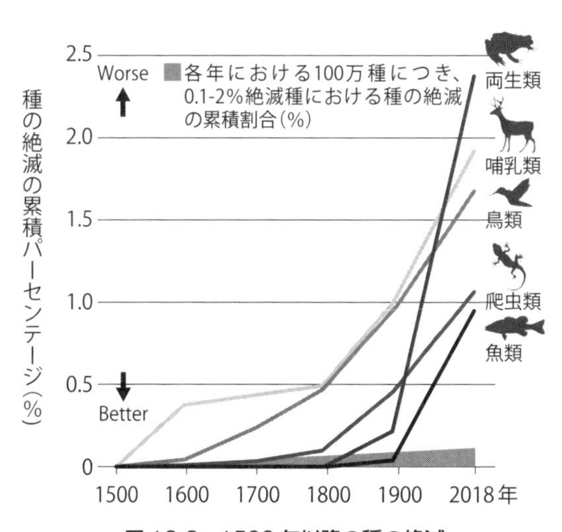

図 13-2　1500 年以降の種の絶滅

出所：IPBES（2019）より筆者翻訳。

2 生物多様性減少の原因

なぜこのような生物多様性減少が急激に進んだのか？その原因は人間の行動によって生じていることがIPBESや環境省などで指摘されている。『生物多様性国家戦略 2012-2020』によれば、生物多様性減少の原因としては、大きく4つある。第1の原因は、商業利用や観光などの利用のための人間による森林伐採や埋め立てなどの開発、過剰な採取や乱獲による生息環境の悪化や破壊である。第2の原因は、里地里山と言われるような人間が手を入れることで保たれてきた雑木林や農地、草原や溜池などの手入れが不十分で、自然の質が低下したことである。第3の原因は、人間が持ち込んだ外来種や化学物質による既存の生態系のかく乱である。第4の原因は、気候変動による地球環境の変化によるものである（環境省　2012）。急速な人口増加や減少、貧困問題や、低い土地生産性、不適切な土地利用や開発の政策、開発規制などの貧弱な法制度と不十分な遵守状況、生物多様性の役割や価値の不十分な理解などが問題の背景であることが指摘されている。

3 生物多様性の機能と価値
——なぜ生物多様性を守る必要があるのか？

人間は生物多様性の様々な機能の恩恵を受けて生活している。その生物多様性の価値を理解することが、生物多様性保全を促進する動機付けとなることから、2001年から2005年にかけて、世界各国1,400人近くの専門家が参加して、地球規模の生物多様性・生態系に関する総合的な評価「ミレニアム生態系評価」が行われた。調査結果をまとめた報告書では、生物多様性がもたらす様々な恩恵に着目し、これまであまり明確ではなかった生物多様性と人間生活の関係を分かりやすく示すため、以下の生態系サービスの4つの機能が説明されている（**図13-3**）。

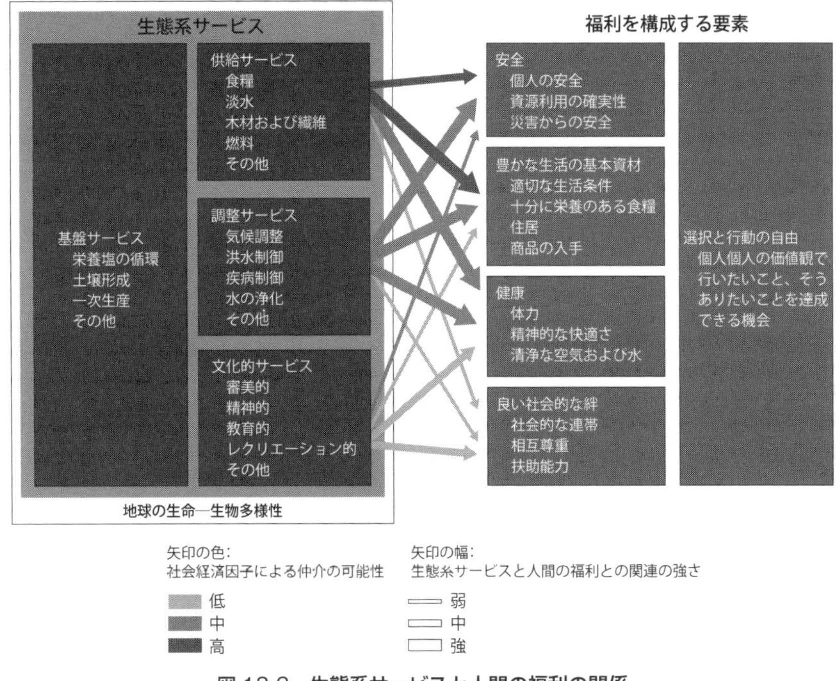

図 13-3　生態系サービスと人間の福利の関係

出所：環境省「平成 19 年版　図で見る環境白書／循環型社会白書」。

1　供給サービス（Provisioning Services）

食料、燃料、木材、繊維、薬品、水など、人間の生活に重要な資源を供給するサービスを指す。すでに経済的取引の対象となっている生物由来資源から、現時点では発見されていない有用な資源まで、ある生物を失うことは、現在及び将来のその生物の資源としての利用可能性を失うことになる。

2　調整サービス（Regulating Services）

森林があることによって気候が緩和されたり、洪水が起こりにくくなったり、水が浄化されたりといった、環境を制御するサービスのことを指す。

これらを人工的に実施しようとすると、膨大なコストがかかる。このサービスの観点からは、生物多様性が高いことは、病気や害虫の発生、気象の変化等の外部からのかく乱要因や不測の事態に対する安定性や回復性を高めることにつながるといえる。

3　文化的サービス（Cultural Services）

精神的充足、美的な楽しみ、宗教・社会制度の基盤、レクリエーションの機会などを与えるサービスのことを指す。多くの地域固有の文化・宗教はその地域に固有の生態系・生物相によって支えられており、生物多様性はこうした文化の基盤と言える。ある生物が失われることは、その地域の文化そのものを失ってしまうことにもつながる。

4　基盤サービス（Supporting Services）

上記の1から3までのサービスの供給を支えるサービスのことを指す。例えば、光合成による酸素の生成、土壌形成、栄養循環、水循環などがこれに当たる。

出所：「ミレニアム生態系評価」より

4 生物多様性保全対策に関する国内外の動き

熱帯林資源の評価調査や地球上の生物種の絶滅危機の調査が1980年頃から開始された。野生生物の保護については1973年にワシントン条約が採択され、湿地保全については1971年にラムサール条約が採択されていた。野生生物保護の枠組みを広げ、地球上の生物の多様性を包括的に保全するための国際条約を設けるために、国連環境計画（UNEP）は1990年から政府間の条約交渉を開始し、1992年5月に生物多様性条約（生物の多様性に関する条約）が採択され、同年6月にブラジルのリオデジャネイロで開催された地球サミットで157カ国が条約に署名した。

条約では、生物の多様性を「生態系」、「種」、「遺伝子」の3つのレベル

表 14-1　生物多様性に関する国内外の取り組み

年	世界の取り組み	日本の取り組み
1992	生物多様性条約策定	
1993	生物多様性条約発効	
1995		生物多様性国家戦略決定
2000	カルタヘナ議定書採択	
2001	ミレニアム生態系評価調査開始	
2002		新・生物多様性国家戦略決定
2003	カルタヘナ議定書発効	
		「遺伝子組換え生物等の使用等の規制による生物の多様性の確保に関する法律」（通称「カルタヘナ法」施行
2007		第三次生物多様性国家戦略決定
2008	COP9（ドイツ）開催 ビジネスと生物多様性イニシアティブ（通称：B&B イニシアティブ）提唱	生物多様性基本法公布
2010	COP10 を愛知で開催。愛知目標、名古屋議定書採択 生態系と生物多様性の経済学（TEEB：The Economics of Ecosystem and Biodiversity）報告書が公表	日本が COP10 の議長国となり SATOYAMA イニシアティブを提唱 生物多様性国家戦略 2010 決定 生物多様性民間参画イニシアティブ設立
2012	生物多様性及び生態系サービスに関する政府間科学 - 政策プラットフォーム（IPBES）設立	生物多様性国家戦略 2012-2020 閣議決定
2014	COP12（韓国）で名古屋議定書の発効。愛知目標の中間評価	
2018	COP14（エジプト）で企業の生物多様性保全の主流化を議論	
2019	IPBES による生物多様性の科学的評価報告	次期生物多様性国家戦略の検討
2020	COP15（中国）開催。次期目標を決定予定	次期生物多様性国家戦略の策定

出所：筆者作成。

で捉え、生物多様性の保全、その構成要素の持続可能な利用、遺伝資源の利用から生ずる利益の公正な配分を目的とした。条約に署名した締約国は、生物多様性のための国家戦略の策定、保全上重要な地域や種の選定及びモニタリング、保護地域体系の確率、絶滅のおそれのある種の保護・回復、生物資源の持続的な利用、アセスメント制度の導入を求められるとともに、各国の天然資源に対する主権を認め、資源提供国と利用国との間での利益の公正かつ公平な配分が求められた。条約を遂行するために、カルタヘナ議定書、名古屋・クアラルンプール補足議定書、名古屋議定書が採択されている。

2010年、愛知県名古屋市で開催された生物多様性条約第10回締約国会議（COP10）において、これ以上生物多様性が失われないようにするための具体的な行動目標である「愛知目標」が採択された。愛知目標の達成には、生物多様性や生態系サービスの現状や変化を科学的に評価し、それを的確に政策に反映させていくことが不可欠なため、世界中の研究成果を基に政策提言を行う政府間組織として「生物多様性及び生態系サービスに関する政府間科学 - 政策プラットフォーム（IPBES）」が、2012年4月に設立された。IPBESは、「科学的評価」、「能力養成」、「知見生成」、「政策立案支援」の4つの機能を活動の柱としており、科学的な見地から効果的・効率的な取組みが期待されている。

日本は、1995年に生物多様性国家戦略を策定し、逐次改定を行っている。2008年には生物多様性基本法を制定し、生物多様性に関する施策の枠組みを明らかにする生物多様性国家戦略の国及び地域レベルの策定の努力義務が規定された。（吉積巳貴）

考えてみましょう

- 個人の生活と生物多様性との関わり合いはどのようなものがありますか？
- 生物多様性の減少によって影響を強く受けている食べ物としてどのようなものがありますか？
- 企業と生物多様性との関わり合いはどのようなものがありますか？

引用文献

大沼 あゆみ『生物多様性保全の経済学』有斐閣、2014年

環境省『平成19年版　図で見る環境白書／循環型社会白書』https://www.env.go.jp/policy/hakusyo/zu/h19/html/vk0701020100.html

環境省『生物多様性国家戦略 2012-2020』2012年

環境省ウェブサイト「生物多様性とは」https://www.biodic.go.jp/biodiversity/about/about.html

農林水産省『平成19年度　食料・農業・農村白書』

https://www.maff.go.jp/j/wpaper/w_maff/h19_h/summary/zoom_09.html

鷲谷いづみ『〈生物多様性〉入門』岩波書店、2010年

Intergovernmental Science-Policy Platform on Biodiversity and Ecosystem Services (IPBES). "The global assessment report on biodiversity and ecosystem services". 2019.

さらに勉強したい人のための参考文献

鷲谷いづみ『〈生物多様性〉入門』岩波書店、2010年

大沼あゆみ『生物多様性保全の経済学』有斐閣、2014年

武内和彦、恒川篤史、鷲谷いづみ（編）『里山の環境学』東京大学出版会、2001年

Millennium Ecosystem Assessment（編）『生態系サービスと人類の将来――国連ミレニアムエコシステム評価』オーム社、2007年

藤田香『SDGsとESG時代の生物多様性・自然資本経営』日経BP、2017年

File 14

生態系サービスと人の暮らし

農村がなくなると何が問題なのか？

キーワード

限界集落

●

農業の多面的機能

●

里山

●

里海

●

森里海連環

イントロダクション

日本全体の人口が2008年をピークに減少しています。農山漁村の人口減少は、もう少し早く、1965年から減少傾向です。また高齢化も進んでおり、特に山間部の農村では、高齢化率は35%となっています。農村の居住者が存在しない「消滅集落」となる集落は、今後10年以内に423集落あるとの農林業センサスの調査結果もでています。農村がなくなると、何が問題となるのでしょうか？前章では、生態系サービスが人間の生活に不可欠なサービスを提供していることを学びました。本章では、農村が生態系サービスの保全において、どのように重要なのかを学びます。

用語解説

COP

Conference of Partiesの略。締約国会議。本章では、生物多様性条約の締約国会議を指す。第10回会議であるCOP10が2010年に名古屋で開催され、遺伝資源の採取・利用と利益配分に関する枠組みである「名古屋議定書」や、生物多様性の損失を止めるための新目標である「愛知ターゲット」などが採択された。

1 農山漁村の現状

日本の人口は2008年をピークに減少している。特に、農村人口の減少が著しく、人口集中地区を都市、それ以外を農村としたとき、農村における人口は1965年以降、減少しており、40年間（1975-2015年）での減少率は37％にも達している（**図14-1**）。日本全体的に高齢化が進行しているが、農村における高齢化は顕著であり、今後30年間の人口動態を予測すると、農村部での人口減少はさらに加速し、山間農業地域の人口は半減して、過半数が65歳以上の高齢者になると予測されている（橋詰2020）。農村の人口が減少し、高齢化が進むと、農村における活動を実施することが難しくなる。農村を維持する活動としては、農業用排水路の保全や管理、地域のお祭りなどの文化的活動の実施、地域内の活動に関する相談の場でもある寄り合いの開催などがある。また田畑を耕作する農家の数が減り、さらに耕作をやめて放置された耕作放棄地が増え、農村の景観が荒廃し、暮らしの安全が阻害されている。これにより、農村での生活が厳しくなり、農村の人口減少を加速する結果となっている。

農林水産省によって推計された、今後集落の存続や著しい機能低下が危惧される集落数等の結果によれば（「地域の農業を見て・知って・活かすDB」農林水産省統計部）、現在全国に13万8,256ある農業集落のうち、「存続危惧集落」（集落人口が9人以下でかつ高齢化率が50％以上の集落と定義）が2015年の2,353集落（2％）から2045年には9,667集落（7％）へと4倍となっている（**図14-2**）。また「超高齢化集落」（世帯員の3分の2以上が65歳以上になる集落と定義）や「人口急減集落」（今後30年間で現在の集落人口が3分の1未満になる集落と定義）が増加することや、有人集落（22％）において14歳以下の子供がいなくなることが予想されている。

図14-3は農業就業人口と平均年齢を表したグラフである。グラフからわかるように、農業就業人口は減少傾向であるが、一方で65歳以上の割

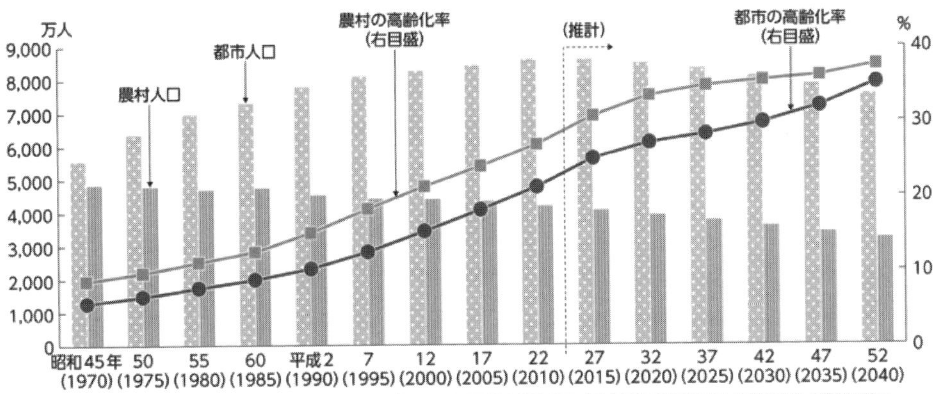

図 14-1　農村・都市における人口・高齢化の推移と見通し

出所：農林水産省「平成 26 年度　食料・農業・農村白書」。

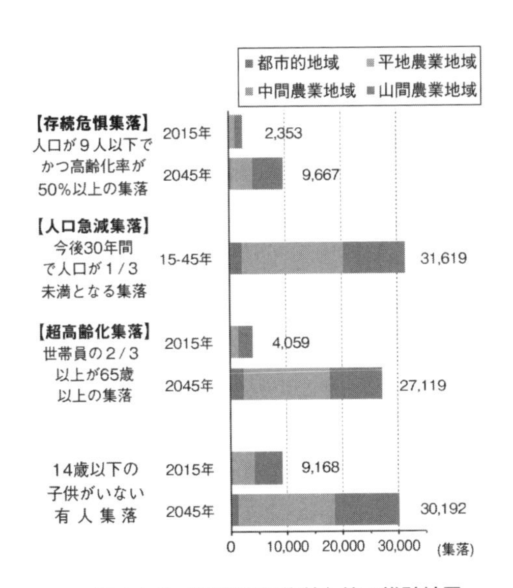

図 14-2　「存続危惧集落」等の推計結果

出所：橋詰（2020）。

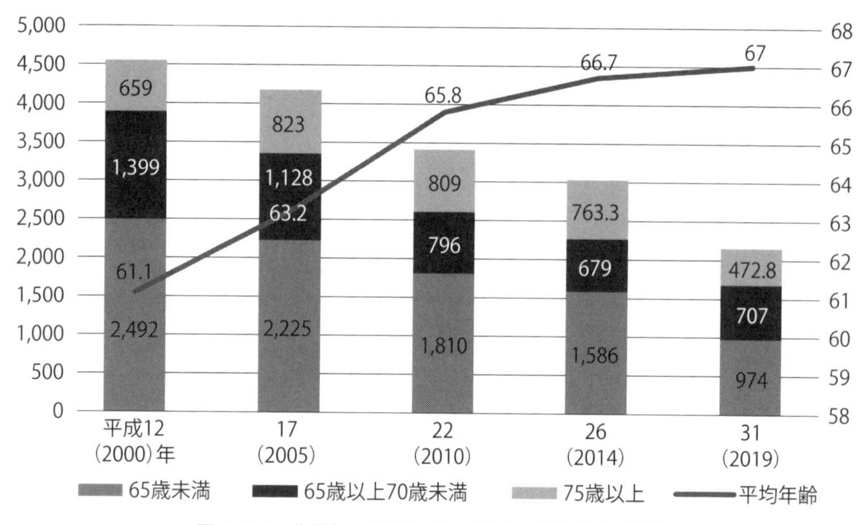

図 14-3　農業就業人口、基幹的農業従事者数の推移

出所：農林水産省「農林業センサス」、「農業構造動態調査」より筆者作成。

合が増加しており、2019年には全体の7割が65歳以上であり、平均年齢は67歳となっている。

このように、農村から都市へと人口が流出し、農村就業人口の減少が進む中で、農業・農村の持続可能性が危ぶまれている。

2 農業の多面的機能と里地里山

農業・農村の持続可能性が危ぶまれている中で、農業・農村の重要性が明らかになっている。前章で生物多様性の機能である生態系サービスが、人間が生きるために不可欠であることを示した。この生態系サービスを維持するために、農業・農村が大きく寄与している。その農業・農村の生態系サービスとの関係を整理し、それを表したものが、「農業の多面的機能」や、「里山」という概念である。

農業・農村の有する多面的機能は、**図 14-4** で表されているような、複

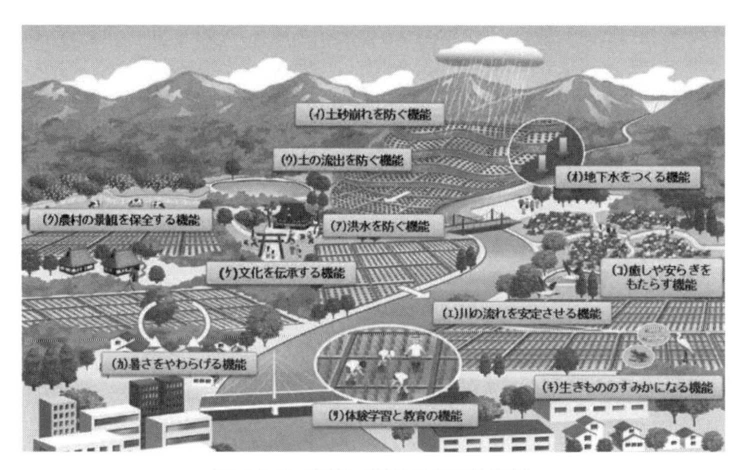

図 14-4　農業・農村の多面的機能

出所：農林水産省「農業農村の多面的機能」。

数の機能がある。その機能を下記に列挙する。

①洪水を防ぐ働き：雨水を一時的に貯留して、ゆっくりと川に流す。農地は、ダムのような洪水を防止する役割を果たしている。

②土砂崩れや土の流出を防ぐ働き：耕作された田畑は、土砂崩れや土の流出を防ぎ、地すべりを防止する。

③河川の流れを安定させ、地下水を涵養する働き：田畑に貯留した雨水等は、豊かな水源を涵養する。

④生物のすみかになる働き：田畑は多様な生物の生息地となり、多様な生物を保全する。

⑤農村の景観を保全する働き：農業の営みが「ふるさと」の田園風景を形成している。

⑥文化を伝承する働き：農業の営みを通じて地域の伝統文化を受け継いでいる。

⑦暑さをやわらげる働き：田の水面からの水分の蒸発や、作物の蒸散により、

空気が冷やされ、気温上昇を抑える効果がある。

⑧癒しや安らぎをもたらす働き：心と体をリフレッシュさせる場。

⑨体験学習や教育の場としての働き：環境教育、農業体験教育の場。

（環境省「農業農村の多面的機能」より抜粋）

以上のように、農業･農村は、農産物やその他の食料供給の機能以外に、多面にわたる機能がある。この農業・農村の多面的機能を表す用語として「里地里山」が広く使われる。

環境省によれば､里地里山とは､｢原生的な自然と都市との中間に位置し、集落とそれを取り巻く二次林、それらと混在する農地、ため池、草原などで構成される地域」と定義されている。生物多様性条約第10回締約国会議（COP10）が2010年10月に愛知県名古屋市で開催された際に、生物多様性の保全及び持続可能な利用が議論され、SATOYAMAイニシアティブが採択され、日本政府が国連大学と連携し、世界的に「里地里山」の概念の普及とともに、「里地里山」の保全政策を進めている。

3 森里海連環

農業、農村の機能や、里地里山の重要性などを説明したが、これらの機能は単独に存在しているのではなく、それぞれがつながり、連環することで､人間にとって必要な恵みを生んでいる｡山に降った雨は､森をはぐくみ、里を潤しながら、栄養分や砂が川を通じて、海に注ぎ、魚や貝、海藻を育て、豊かな海の生産を支えている。このような水を通した森、里、海そして人のつながりは、決して一方通行ではなく相互に関係している。しかしながら、農業、林業が衰退し、山や田畑の適切な管理がされなくなったり、川や沿岸がコンクリート化されたり、堤防やダムの建設により森と海のつながりが分断されたことで、魚、貝、海藻が減少する問題が生じている。

この問題に対応するために、環境省では「つなげよう、支えよう森里川

図 14-5　森里川海のつながり

出所：環境省「つなげよう、支えよう森里川海」パンフレットより。

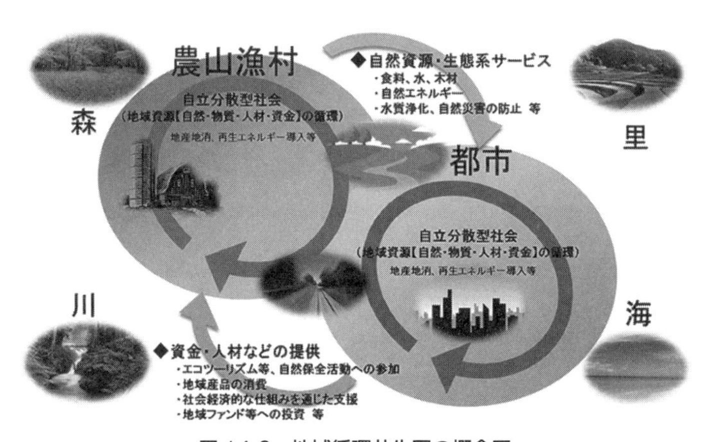

図 14-6　地域循環共生圏の概念図

出所：環境省「平成 30 年版　環境・循環型社会・生物多様性白書」

海」プロジェクト（図 14-5）が 2014 年から実施され、「森里川海を豊かに保ち、その恵みを引き出すこと」と「一人一人が、森里川海の恵みを支える社会をつくること」を目指し、その実現の姿として「地域循環共生圏」（図 14-6）を位置づけている。

地域ごとに異なる資源が循環する自立・分散型の社会を形成し、自然的なつながり（森・里・川・海の連環）や経済的つながり（人、資金等）をパートナーシップにより構築していくことで地域資源を補完し支え合い、特に、都市と農山漁村が相互補完によって相乗効果を生み出しながら経済社会活動を行い、環境・経済・社会が統合的に循環し、地域の活力が最大限に発揮させ、地域でのSDGsの実践（ローカルSDGs）を進めることが目指されている。（吉積巳貴）

考えてみましょう

- 日本の農村の人口はなぜ減少しているのでしょうか？
- 農業・農村には、食料生産以外にどのような機能がありますか？
- 森、里、川、海にはどのようなつながりがあるでしょうか？

引用文献

環境省「21世紀環境立国戦略」2007年

環境省「平成30年版　環境・循環型社会・生物多様性白書」、https://www.env.go.jp/policy/hakusyo/h30/html/hj18010201.html

環境省「つなげよう、支えよう森里川海」パンフレット、https://www.env.go.jp/nature/morisatokawaumi/download.html

農林水産省「平成26年度　食料・農業・農村白書」https://www.maff.go.jp/j/wpaper/w_maff/h26/h26_h/trend/part1/chap0/c0_1_01.html

農林水産省「農業農村の多面的機能」https://www.maff.go.jp/j/nousin/noukan/nougyo_kinou/pdf/adult_zentai.pdf

橋詰登、農村地域人口と農業集落の将来予測：農業集落の変容と西暦2045年の農村構造、農林水産政策研究所レビュー，No.93, 2020 (https://www.maff.go.jp/primaff/kanko/review/attach/pdf/200130_pr93_02.pdf)

さらに勉強したい人のための参考文献

増田寛也『地方消滅――東京一極集中が招く人口急減』中公新書、2014年

鷲谷いづみ『さとやま――生物多様性と生態系模様』岩波書店、2011年

大野晃『山・川・海の環境社会学――地域環境にみる〈人間と自然〉』文理閣、2010年

京都大学フィールド科学教育研究センター編、山下洋監修『森里海連環学――森から海までの統合的管理を目指して』京都大学出版会、2007年

File 15

水産資源の持続可能性

サンマやウナギはいつまで食べられる？

キーワード

水産資源
●
食習慣
●
漁業管理
●
乱獲
●
国際取引
●
エコラベル

イントロダクション

世界の魚介類消費量は、この55年ほどの間に約5.5倍となっており、特に、1人当たりの魚介類消費量が急激に伸びているアジア地域においては、人口増加も相まって約8倍となっています。

一方で、気候変動の影響で世界の水産資源が減少することも懸念されていて、日本の食卓からサンマやウナギが消える日も絵空事ではないようです。水産資源を持続可能に消費するには、どのようにすればよいのでしょうか。

用語解説

乱獲
人間の経済活動において、野生生物種をその自然回復力（生き物として自然に繁殖する速度）を超えるペースで大量に捕獲することで生物資源としての持続可能性が阻害されること。乱獲を続けた場合、対象の生物種が絶滅してしまうこともある。

1 世界に拡がる魚の爆食

食品の冷凍加工技術の向上により、漁港に水揚げされた魚介類は沿岸部で切り身などに加工・冷凍され、海から遠い内陸部でも新鮮な刺し身などが食べられるようになった。日本以外では食習慣に含まれている国が少なかったサンマも多くの国で消費されるようになっている。

FAO（国連食糧農業機関）の統計資料「FAOSTAT」によると、世界の年間1人当たりの食用魚介類の消費量は過去55年あまりで約2倍に増加している（図15-1）。なかでも、もともと魚食習慣の強いアジア地域では、生活水準の向上に伴って約3倍、アフリカでも2倍程度と高い伸びが目立っている。オセアニアでは2000年代半ば以降に横ばいとなり、ヨーロッパおよび北米では1990年代半ば以降に横ばいとなっている（図15-2）。日本の1人当たりの魚介類消費量は相対的に高水準ではあるものの、ここ30年ほどは減少傾向にある。

1人当たりの魚介類消費量の増加と並行して世界の人口も増え続けている結果、世界全体での魚介類消費量は、この55年ほどの間に約5.5倍となっている（図15-3）。特に、1人当たりの魚介類消費量が急激に伸びているアジア地域においては、魚介類消費量としては約8倍となっている。また、同様に人口増加が予想されるアフリカ地域でも経済成長に伴う動物性たんぱく質摂取量の増加が見込まれることも相まって、今後も世界の魚介類消費量の増大は続くものと考えられる。

経済発展が続けば、穀物に頼って生活する内陸農村部にも食生活の変化が及び、魚介類の消費が更に増加することも予想されることに加え、内陸部でも手に入りやすい淡水魚から高付加価値の海水魚へと需要がシフトしていく可能性もある。

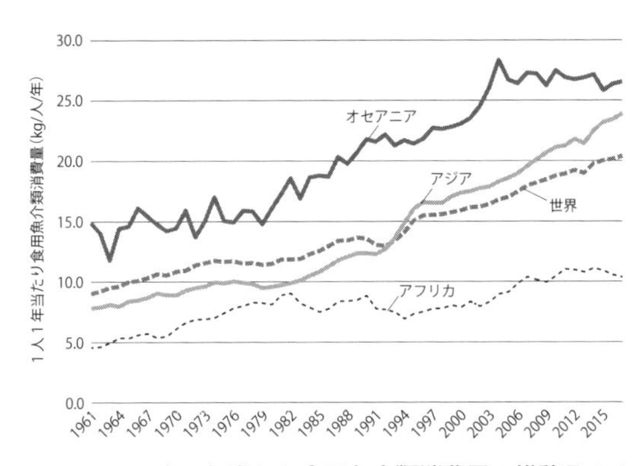

図 15-1　1人1年当たり食用魚介類消費量の推移その1

出所：FAO（国連食糧農業機関）FAOSTAT の Food Balance より筆者作成。

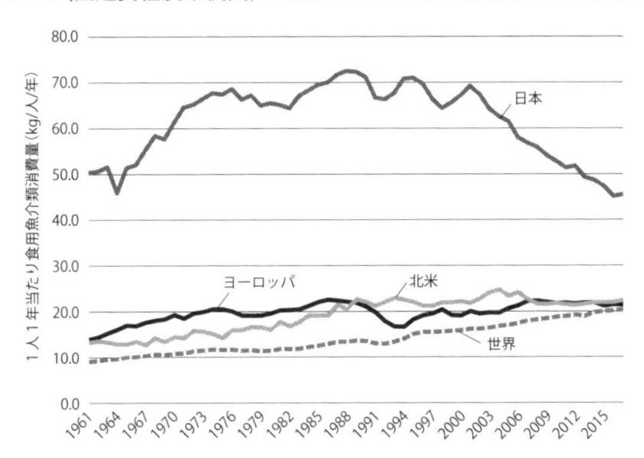

図 15-2　1人1年当たり食用魚介類消費量の推移その2

出所：FAO（国連食糧農業機関）FAOSTAT の Food Balance より筆者作成。

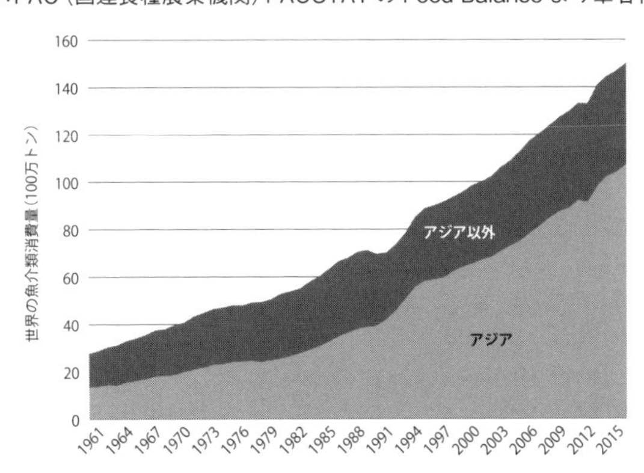

図 15-3　世界の食用魚介類消費量の推移

出所：FAO（国連食糧農業機関）FAOSTAT の Food Balance より筆者作成。

2 サンマが減って食べられない

全国さんま棒受網漁業協同組合の「サンマの水揚げ量」によると、2019年のサンマ水揚げ量は4万517トンであり、過去30年間におけるピーク（2008年）の約8分の1にまで減少している。5年間の移動平均で見ても、1980年代以降2010年頃までの20～25万トンからここ10年間で10万トンほどまで半減しつつある（図15-4）。さらには、量の減少だけでなく、水揚げされたサンマの身が年々やせてきているという報告もある。

日本が2010年頃まで年間20万トンを超える乱獲を続けたことでサンマの資源量が回復サイクルを維持できないレベルに落ち込んでしまった可能性も指摘されているが、公海上での日本以外の国の漁獲量の急増が資源量の減少につながっているという主張もある。日本以外の国においては、サンマを食べる習慣はこれまでほとんどなかったが、近年の日本食ブームなどで消費が増大していることも背景にある。

国立研究開発法人水産研究・教育機構は、表層トロール網を用いた漁獲試験（サンマ資源量直接推定調査）を実施し、サンマの分布量を推定している。北海道東沖から西経177度以西のサンマが日本近海に来遊すると考えられているため、当該海域のサンマの分布量を本漁期における来遊量の指標としているが、当該海域におけるサンマの分布量は調査開始時の2003年における442万トンから減少し続けており、2017年には調査開始以降最低の60万トンとなった。2018年には145万トンまで回復したが、2019年の調査結果では97万トンに再び減少し、2017年に次ぐ低い水準となっている。

日本やロシア、中国、韓国、台湾などが参加し、北太平洋での漁業資源管理について議論する北太平洋漁業委員会（North Pacific Fisheries Commission：NPFC）では、2019年7月に北太平洋全体で年約55.6万トンというサンマの漁獲量上限を合意したが、この上限量は全加盟国・地域の2018年の漁獲量を2割も上回る水準で資源回復効果は疑問視されている

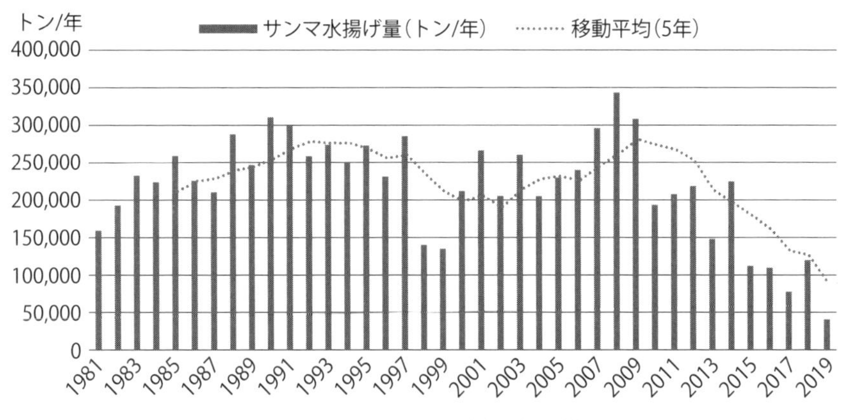

図 15-4 日本のサンマ水揚げ量の推移

出所：全国さんま棒受網漁業協同組合「サンマの水揚げ量」より筆者作成。

上に、国や地域ごとの漁獲枠の設定は先送りされている。なお、2021年2月に開催された北太平洋漁業委員会（NPFC）の年次会合では、現行の漁獲枠を40%削減し年33.4万トンとすることで合意している。これを受けて日本の水産庁は、2021年の漁獲枠を前年比約4割減の15.5万トンに変更する案を公表した。

3 ウナギをめぐる世界の争奪戦

もともと高級な食材であったウナギは、養殖技術の発達や海外からの輸入増により日本国内で1980年代後半からスーパーマーケットやコンビニエンスストア、ファストフード店などで安価に販売されるようになり、2000年には過去最多の約16万トンが供給されたが、その後減少し、近年では約5万トン程度となっている（**図 15-5**）。これは、1985年頃から、中国において日本への輸出を目的としたヨーロッパウナギの養殖が急増したが、ヨーロッパウナギの減少とともに資源が衰退したことが主な原因とされている。

国内で漁獲されたウナギ及び養殖されたウナギの種類はほぼニホンウナギであるが、輸入ものについては、ニホンウナギのほか以前はヨーロッパ

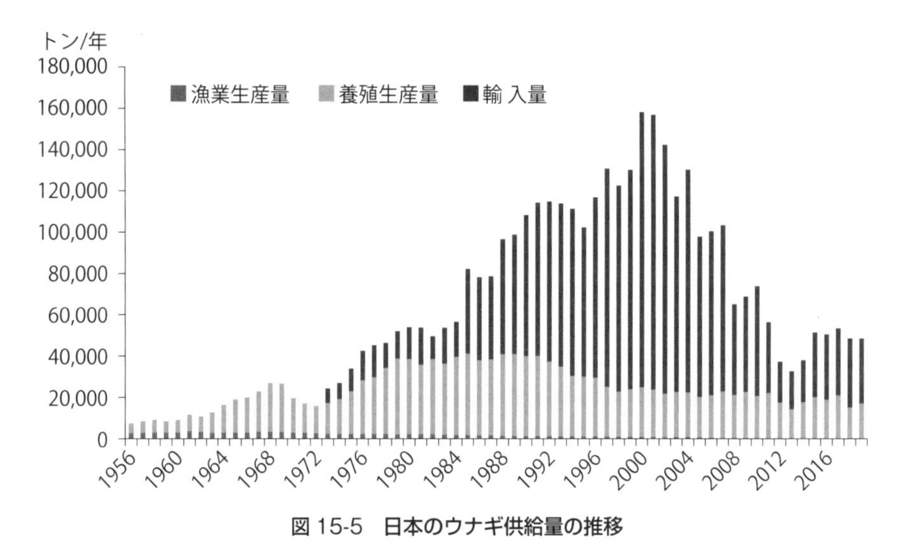

図 15-5　日本のウナギ供給量の推移

出所：水産庁「ウナギをめぐる状況と対策について」より転載。
https://www.jfa.maff.go.jp/j/saibai/attach/xls/unagi-11.xlsx

ウナギが多かったものの、近年はアメリカウナギの輸入が増加している。国際取引がヨーロッパウナギ資源に及ぼす影響に対する懸念から、2007年、ヨーロッパウナギは、「絶滅のおそれのある野生動植物の種の国際取引に関する条約（ワシントン条約）」の附属書Ⅱに掲載され、2010年12月にはEU（欧州連合）からのヨーロッパウナギの輸出入が全面的に禁止されている。また、2013年から2014年にかけて、ニホンウナギも環境省や国際自然保護連合（IUCN）のレッドリスト（絶滅のおそれのある野生生物のリスト）における絶滅危惧種に区分されている。

かつては日本人がほぼ独占してきたウナギ消費が最近は日本食人気を背景にアジアや欧米、中東で需要が急拡大している。最大の供給国は中国であり、もともと輸出のほとんどを日本に振り向けていたが、今は日本向けは半分程度にすぎず、50カ国以上に輸出している（白石ら「ウナギの市場の動態：東アジアにおける生産・取引・消費の分析」）。

ウナギの世界生産量の90％以上を養殖ウナギが占めているが、ウナギの完全養殖はまだ商業化には至っていないため、養殖ウナギは天然の幼魚（シラスウナギ）に依存している。近年、シラスウナギの資源量は減少傾向にあり、海洋環境の変動、親ウナギやシラスウナギの過剰な採捕、生息環境の悪化が要因として指摘されている。

シラスウナギの生態に多くの不明な点が多く残されていることからも、採捕量をコントロールすることが国際的にも求められているが、密漁・密売を含む「身元不明の」シラスウナギが相当量流通している実態が懸念されている。日本ではシラスウナギの来遊時期や来遊量を勘案し、採捕期間や漁法、場所等を厳しく制限しながら都道府県ごとに採捕量を補捉しているが、国内で採捕され養殖池に投入されたシラスウナギのうち40～60%が未補捉のものとされている。さらには、年によっては投入量の半分以上をも占める輸入シラスウナギについても、実際にシラスウナギ漁が行われていない国・地域からの輸入のものが含まれているなど密漁・密輸の疑いのあるケースが後を絶たない（水産庁「ウナギをめぐる状況と対策について」）。

4 漁業資源そのものが減っているのか？

世界で争奪戦が繰り広げられているのはサンマやウナギだけではない。国立研究開発法人水産研究・教育機構「国際漁業資源の現況」によると、世界のカツオの年代ごとの漁獲量は、1950年代は16万～29万トン、1970年代は40万～85万トン、1990年代は132万～199万トン、2000年代は186万～260万トンに増加した。2010年代においても増加傾向にあり、近年は300万トン近い水準で推移しており、これは、主要まぐろ属6魚種（太平洋クロマグロ、大西洋クロマグロ、ミナミマグロ、ビンナガ、メバチ、キハダ）の総漁獲量を上回る規模である。国際的にはカツオに主要まぐろ属6魚種を加えた7種の“まぐろ類”が“Tuna”と呼ばれている。

熱帯水域における世界各国の漁獲量は、“Tuna”缶詰の生産量に対応して増加してきており、2017年時点で、まぐろ類の缶詰総生産量は209万トンであり、その23%である48万㌧がタイで生産されており、次いでスペイン、エクアドル、イラン、フィリピン、米国等で生産されている。

カツオ水揚げ量20年連続日本一の宮城県気仙沼市漁業協同組合では、例年、最盛期の7～10月は1日に500～1000㌧のカツオの水揚げがあったが、近年は多くて400㌧程度に落ち込んでいる。カツオは"Tuna"缶詰やペットフードなど使途が多様であることから、主要な漁場である南太平洋において、中国、台湾、米国などさまざまな国の漁船が入り乱れて漁獲していることで日本の漁獲量が年々減少してきているともいわれている。

FAO（国連食糧農業機関）「The State of World Fisheries and Aquaculture」によると、まぐろ・かつお類の主要7種（ビンナガ、メバチ、大西洋クロマグロ、ミナミマグロ、太平洋クロマグロ、カツオ、キハダ）については、2015年において、43%の資源が生物学的に持続可能でない「過剰に漁獲利用された（乱獲）」状態にあるとされている。海洋水産資源全体で見ると、生物学的に持続可能でない「過剰に漁獲利用された（乱獲）」状態にある海洋水産資源（海域別魚種）の割合は、1974年の10%から1989年の26%まで増加し、1990年以降も概ね緩やかな増加傾向をたどり、2008年には30%以上に達し、2015年は33%となっている。また、漁獲を拡大する余地のある資源は、1970年代には約40%あったが、2015年には7%まで減少している。

国連の気候変動に関する政府間パネル（IPCC）の特別報告書「Climate Change and Land（気候変動と土地）」では、地球温暖化に伴う気候変動の影響により、今世紀末までに世界の海全体の生物の量が最大20%減り、漁獲可能な魚の量が最大24%減少する可能性があると指摘されていて、漁業資源全体の減少傾向も懸念されている。

5 水産資源管理と消費者選好

水産庁「資源管理の部屋」では、水産資源管理の基本的な考え方として、

①水産資源の漁獲に当たって何の制限も課されていない状態では、自分が漁獲を控えたとしても他者がそれを漁獲することが懸念され、いわゆる「先取り競争」を生じやすくなること、②先取り競争によって、資源状況からみた適正水準を超える過剰な漁獲（＝乱獲）が行われた場合、水産資源が自ら持っている再生産力が阻害され、資源の大幅な低下を招くおそれがあること、③水産資源を適切に管理し、持続的に利用していくためには、資源の保全・回復を図る「資源管理」の取り組みが必要であることが示されている。

図 12-6　世界の海で水産資源の争奪戦が繰り広げられている

出所：https://pixabay.com/ja/

水産資源管理の手法は、「インプットコントロール」（漁獲圧力など投入量規制）、「テクニカルコントロール」（漁獲効率など技術的規制）、「アウトプットコントロール」（漁獲量など産出量規制）の3つに分類されているが、このうち、漁獲可能量（Total Allowable Catch、略称 TAC）の設定などにより漁獲量を制限し、漁獲圧力を出口で規制する「アウトプットコントロール」が特に重要視されている。日本ではTAC制度で8魚種（クロマグロ、サンマ、スケトウダラ、マアジ、マイワシ、マサバ・ゴマサバ、スルメイカ、ズワイガニ）に漁獲量の上限を設けており、その多くで資源量が上向きつつある。これらに加えて、改正漁業法の2020年12月の施行に合わせて、21～23年度にブリやマダイ、ホッケなど11種、23年度にベニズワイガニなど4種をTAC制度に追加する方針が議論されている。TAC制度は基本的に資源の回復具合に合わせて漁獲可能量を変化させることになっていることから、水産資源の状況を的確に把握するための資源調査の対象魚種も、これまでの50種から2023年度には200種程度に増やす予定となっている。
国際的な取り組みでは、1982年に国連海洋法条約が採択され、科学的な根拠に基づいて漁獲量を決める考えが盛り込まれた。1994年に発効した海洋法条約は200カイリ内の排他的経済水域（EEZ）に沿岸国の主権を認めると同時に、科学的な調査を通じた適切な資源管理を義務付けている。世界の多くの国はこれ以降、政府主導で海洋水産資源を管理するようになったが、取り組み状況は国によりまちまちであり、ノルウェーなどの漁業先進国では、科学調査によって決定した全体の漁獲可能量を漁船ごとに割り振り、漁獲枠を漁業者間で譲渡するような仕組みも導入されている一方で、日本のTAC制度はあまり厳格な資源管理になっていないという指摘もある。資源管理は漁業の生産性にも影響しており、農林水産省が2013～2015年のデータでまとめた比較では、日本の漁船1隻あたりの漁獲量はノルウェーの20分の1、漁業者1人あたりの生産量も8分の1ほどにとどまっている。

6 持続可能な水産資源の見える化に向けて

水産資源の持続可能性について消費者とのコミュニケーションを図る主旨では、MSC（Marine Stewardship Council：海洋管理協議会）の認証規格に適合した漁業で獲られた水産物に認められるラベル制度（MSCラベル）も通称「海のエコラベル」として普及しつつある。漁業がMSC漁業認証規格（資源の持続可能性、漁業が生態系に与える影響、漁業の管理システム）に則りMSC漁業認証を取得し、その漁業で獲られた水産物を、流通から製造、加工、販売に至る全ての過程において「CoC認証」を取得した企業が適切に管理することで、MSCラベルを付与し、消費者が持続可能な水産物として選択購入できることを目指している。ここで、「CoC認証」とは、水産物の漁獲から消費者の手に渡るまでを「認証」というチェーンでつなぐことを意味する「Chain of Custody（管理の連鎖）」を略したもので、MSCラベルの信頼性を支える重要な柱の１つとなっている。

MSC 漁業認証を受けた水産物製品は 2011 年の約１万点から 2017 年に３万点近く（天然漁獲量のおよそ１割）まで増えている。市場の中心はヨーロッパで、日本での認知度は 10 ～ 15％とまだそれほど高まっていないが、多くの外国人がインバウンド需要で来日するようになったことにあわせて、今後は積極的に認証を活用する機運が高まってきている。大手スーパーマーケットチェーンにおいても、カツオやシシャモなど数十品目のパッケージに認証マークをつけ、大型店を中心に特設売り場を設け、エシカル（倫理的）消費商品としてアピールしている。このほか、高級ホテルチェーンやコンビニエンスストアにおいても MSC 漁業認証を得た食材の提供が始まっている。（天野耕二）

考えてみましょう

- なぜ、世界の１人あたり魚介類消費量が伸び続けているのか、その要因について考えてみましょう
- 世界の水産資源を持続的に消費するために、どのような食生活スタイルが望ましいのか、消費行動という観点で考えてみましょう。

引用文献

全国さんま棒受網漁業協同組合「さんまの水揚量」http://www.samma.jp/tokei/catch_year.html

国立研究開発法人水産研究・教育機構「令和元年度サンマ長期漁海況予報」 http://tnfri.fra.affrc.go.jp/press/h31/20190731/20190731sanmayohou.pdf

水産庁「ウナギをめぐる状況と対策について」https://www.jfa.maff.go.jp/j/saibai/attach/pdf/unagi-162.pdf

白石広美、ビッキー・クルーク「ウナギの市場の動態: 東アジアにおける生産・取引・消費の分析」　https://www.wwf.or.jp/activities/data/15_Eel_Market_Dynamics_JP.pdf

国立研究開発法人水産研究・教育機構「国際漁業資源の現況」http://kokushi.fra.go.jp/

index.html
水産庁「資源管理の部屋」 https://www.jfa.maff.go.jp/j/suisin/index.html
MSC（Marine Stewardship Council：海洋管理協議会）https://www.msc.org/jp/home
FAO（国連食糧農業機関）「FAOSTAT」 http://www.fao.org/faostat/en/#home
FAO（国連食糧農業機関）「The State of World Fisheries and Aquaculture, 2018」 http://www.fao.org/3/i9540en/I9540EN.pdf
Intergovernmental Panel on Climate Change（IPCC）「Climate Change and Land」 https://www.ipcc.ch/srccl/

さらに勉強したい人のための参考文献

水産庁『水産白書』
佐藤洋一郎・石川智士・黒倉寿（編）『海の食料資源の科学』勉誠出版、2019年
大日本水産会（編）『水産エコラベルガイドブック』成山堂書店、2020年

File 16

エシカル消費

SDGsのための消費行動とは？

キーワード

エシカル消費
●
カーボン
フットプリント
●
フェアトレード
●
エコラベル
●
エコリーフ

イントロダクション

日本のCO_2排出量の約15%が家庭部門から排出され、食品ロスの半分近くが家庭から排出されています。つまり、SDGsの達成において、個人の消費行動が大きな影響を与えています。SDGs「つくる責任つかう責任」に向けた消費行動を実現するために、消費者はどのような消費行動をとればよいのでしょうか？またそのような商品を見極める方法はあるのでしょうか？

用語解説

フェアトレード
公平・公正な貿易。開発途上国の原料や製品を適正な価格で継続的に購入することにより、立場の弱い開発途上国の生産者や労働者の生活改善と自立を目指す「貿易のしくみ」のこと。世界フェアトレード機構（WFTO）、国際フェアトレードラベル機構（Fairtrade International）や、各団体によるフェアトレード基準がある。

1 地球の持続可能性を脅かす消費行動とは

環境問題が認識され始めた初期は、工場の排水や排気ガスなど、一部の企業が起こす公害が問題であり、住民は被害者という位置づけであった。しかし徐々に、一般の人たちの行動が環境問題や地球の持続可能性に直接的、そして間接的に悪影響を与えていることが明らかになっていく。大きなきっかけとなったのは、世界中の有識者が集まって設立されたローマクラブによって1972年に発表された「成長の限界」と題した研究報告書である。この報告書で、このまま自然資源を利用し続けると、資源が枯渇し、100年以内に地球上の成長が限界に達するシナリオが示されたことで、「地球と資源の有限性」について認識されるようになった。また冷蔵庫やクーラーの冷媒や、ヘアスプレーなどで広く使用されていたフロンガスがオゾン層を破壊していることが明らかになり、一消費者が利用する商品が地球の持続可能性を脅かすことにつながることが示された。さらに、気候変動問題が、地球の持続可能性の大きな問題であることが広く認識され、CO_2排出を減少させることが共通の目標として位置づけられたことから、使われる資源のみではなく、商品がつくられる生産から、その商品の流通、消費、そして廃棄までの全ての過程において排出されるCO_2を制限する必要性が明らかになった。

つまり、有限な資源でつくられた商品や、生産、流通、販売、廃棄される過程において自然に負荷を与える商品を購入する消費行動は、地球の持続可能性を脅かしているといえる。

2 エシカル消費

地球の持続不可能性に影響がある商品を購入せず、地球の持続可能性につながる消費行動に転換する必要性が求められている。SDGsの目標12「つくる責任つかう責任」において、持続可能な消費と生産パターンに転換することが目標として設定され、生産と消費のライフサイクル全体を通して、天然資源や有害物質の利用及び廃棄物や汚染物質の排出を最小限に抑えること、そして食料の廃棄を半減させ、収穫後損失などの生産・サプライチェーンにおける食料の損失を減少させることを目指している。「持続可能な消費」には多様な概念が含まれているが、その1つとして、「エシカル消費（倫理的消費）」が注目されている。

エシカル消費は、日本では消費者基本計画（2015年3月閣議決定）において、「地域の活性化や雇用なども含む、人や社会・環境に配慮した消費行動」と定義されている。国際貿易が進み、商品の生産や販売がグローバル化され、世界中からさまざまな商品が購入できるようになっており、商品の生産や流通における社会や自然環境に対する負担や影響は、消費者から見えにくくなっている。エシカル消費は、商品の生産から販売、そして廃棄までのライフサイクルを可視化し、社会や自然環境に配慮した商品を購入することで、消費者それぞれが社会的課題や環境問題の解決を考慮することや、そうした課題に取り組む事業者を応援しながら消費活動を行うことである。

エシカル消費の商品購入における視点として、環境に配慮されたものか、生物多様性に配慮されたものか、生産における原料や製品を適正な価格で取り引きされたものか、地産地消によってエネルギー削減や地域活性化につながるか、被災地の特産品を消費することで経済復興を応援できるか、また障害がある人の支援につながる商品なのか、などが挙げられている（消費者庁『エシカル消費ってなあに？』）。

3 エシカル消費を促す仕組みづくり

環境負荷の見える化

エシカル消費を行うためには、購入する商品がエシカルなものかを判断する情報と分析が不可欠である。そのような情報と分析をする方法として

図 16-1　SDGs 評価報告 2020 における目標 12 において指摘されるマテリアル・フットプリント

出所：国際連合広報センター持続可能な開発目標（SDGs）報告 2020

ライフサイクル・アセスメント（LCA：Life Cycle Assessment）という手法がある。LCA は、製品やサービスなどにかかわる、原料の調達から製造、流通、使用、廃棄、リサイクルに至る「製品のライフサイクル」全体を対象として、各段階の資源やエネルギーの投入量とさまざまな排出物の量を定量的に把握し、これらによるさまざまな環境影響や資源・エネルギーの枯渇への影響などを定量的に算定する手法である。

よりシンプルな指標として、カーボンフット・プリント、マテリアル・フットプリント、エコロジカル・フットプリントという指標がある（図 16-1）。

カーボンフットプリント（CFP：Carbon Footprint of Products）は、商品やサービスの原材料調達から廃棄・リサイクルに至るまでのライフサイクル全体を通して排出される温室効果ガスの排出量を CO_2 に換算する方法である。マテリアル・フットプリントは、消費された天然資源量を表す指標である。バイオマス、化石燃料、金属鉱石および非金属鉱石の採掘量の合計で示している。エコロジカル・フットプリントは、人間１人が生活を送るのに必要な土地水域面積であり、化石燃料の消費によって排出される二酸化炭素を吸収するために必要な森林面積、道路や建築物等に使われる土地面積、食糧や木材の生産に必要な土地面積を合計した値として計算される。

認証制度

定量的な情報を提供する方法以外に、第三者機関により、商品がある基準に達していることを証明する制度として認証制度がある。この制度に

図 16-2　さまざまなエコラベル

出所：左から、公益財団法人日本環境協会エコマーク事務局、一般社団法人サステナブル経営推進機構、森林管理協議会（Forest Stewardship Council：FSC）、レインフォレスト・アライアンスウェブサイトより。

よって認証された商品には認証ラベルをつけることができ、消費者が判断することができる。認証する内容は目的によってさまざまなものがあり、国や地域限定などの認証制度がある。フェアトレードを目的にした商品に対しては、世界フェアトレード機構（WFTO）、国際フェアトレードラベル機構（Fairtrade International）などの機関による認証制度がある。環境認証は「エコラベル」と呼ばれ、エコラベルの種類は世界中で数百あるといわれている（**図 16-2**）。エコラベルには3つの種類があり、第三者認証による環境ラベル（タイプⅠ）、事業者の自己宣言による環境主張（タイプⅡ）、製品の環境負荷の定量的データの表示（タイプⅢ）の3つがある。日本で、環境認証といえば、エコマークが広く普及している。エコマークは公益財団法人日本環境協会が実施する事業で、1989年から開始しているタイプⅠのエコラベルである。その他の日本のエコラベルとしては、エコリーフ環境ラベルがある。これは、LCA手法を用いて製品の全ライフサイクルステージにわたる環境情報を定量的に開示するエコラベルで、2017年より、以前のエコリーフとCFPプログラムを統合した新たなプログラムとして開始された。

国際的なエコラベルとしては、森林認証のFSC（Forest Stewardship Council、森林管理協議会）がある。FSCは、1994年カナダで創設された国際

図 16-3　海のエコラベル

出所：左から、海洋管理協議会（Marine Stewardship Council：MSC）、水産養殖管理協議会（Aquaculture Stewardship Council：ASC）ウェブサイトより。

NGO（現在の国際本部はドイツのボン）によって管理された認証であり、環境保全の点から見て適切で、社会的な利益に適い、経済も継続可能な、責任ある管理をされた森林や、林産物の責任ある調達に対して与えられる認証である。コンビニで売られているコーヒーなどで見られるようになった、レインフォレスト・アライアンス認証マークは、国際NPOによって運営されており、持続可能性の3つの柱（社会・経済・環境）の強化につながる手法を用いて生産されたものであることを基準に1992年から認証している。

漁業における環境負荷の問題に対応した海のエコラベルもある（**図16-3**）。MSC（Marine Stewardship Council：海洋管理協議会）は、持続可能な漁業のための認証制度であり、ロンドンに本部を置く国際NPOが管理している。資源の持続可能性、漁業が生態系に与える影響、漁業の管理システムの観点で評価し、認証している。また、養殖漁業においても認証ラベルがつくられ、ASC（Aquaculture Stewardship Council：水産養殖管理協議会）により、持続可能な養殖業のためのエコラベル制度の運営に取り組んでいる。（吉積巳貴）

考えてみましょう

- エシカル消費を促進させるためには、どうしたらよいでしょうか？

- 購入した食品にエコラベルが貼られているか確認してみましょう。また、それらの食品のカーボンフットプリントを考えてみましょう。
- エシカル消費においてフェアトレード商品の購入は推奨されていますが、フェアトレード認証制度における課題を考えてみましょう。

引用文献

一般社団法人サステナブル経営推進機構　http://www.ecoleaf-jemai.jp/

消費者庁『エシカル消費ってなぁに？』https://www.caa.go.jp/policies/policy/consumer_education/public_awareness/ethical/material/assets/ethical_180409_0001.pdf)

海洋管理協議会（Marine Stewardship Council：MSC）https://www.msc.org/jp/what-we-are-doing/thisiswildJP

公益財団法人日本環境協会エコマーク事務局　https://www.ecomark.jp/

国際連合広報センター持続可能な開発目標（SDGs）報告2020　https://www.unic.or.jp/activities/economic_social_development/sustainable_development/2030agenda/sdgs_report/#anchor12

コナー・ウッドマン、松本裕『フェアトレードのおかしな真実――僕は本当に良いビジネスを探す旅に出た』英治出版、2013年

佐藤 寛『フェアトレードを学ぶ人のために』世界思想社、2011年

森林管理協議会（Forest Stewardship Council：FSC）https://jp.fsc.org

水産養殖管理協議会（Aquaculture Stewardship Council：ASC）https://www.asc-aqua.org/ja/about-asc/

レインフォレスト・アライアンス　https://www.rainforest-alliance.org/

さらに勉強したい人のための参考文献

久守 藤男『LCA手法による飽食経済のエネルギー分析――和食と洋食を比較する』農山漁村文化協会、2000年

マティース・ワケナゲル、ウィリアム・リース等『エコロジカル・フットプリント――地球環境持続のための実践プランニング・ツール』合同出版、2004年

大元鈴子、佐藤哲、内藤大輔『国際資源管理認証――エコラベルがつなぐグローバルとローカル』東京大学出版会、2016年

File 17

SDGs の企業経営

企業が SDGs になぜ取り組む必要があるのか

キーワード

環境経営

●

環境マネジメントシステム（EMS）

●

ISO14001

●

SDG コンパス

●

ESG 投資

イントロダクション

ビジネスにおいて SDGs の概念は不可欠となってきています。SDGs のカラフルなバッチをつけた企業経営者を見かけることも多くなってきました。SDGs がビジネスで重要視されるのはなぜでしょうか？企業が SDGs に取り組む意義は何なのでしょうか？ SDGs を達成するためには、どのような経営管理が必要なのでしょうか？そして、それを実行可能にするために、どのような仕組みが必要なのでしょうか？

用語解説

気候変動に関する政府間パネル

人為起源による気候変化、影響、適応及び緩和方策に関し、科学的、技術的、社会経済学的な見地から包括的な評価を行うことを目的として、1988 年に世界気象機関（WMO）と国連環境計画（UNEP）により設立された組織。世界の気候変動の研究者により、5～6 年ごとにその間の気候変動に関する科学研究から得られた最新の知見を評価し、評価報告書にまとめて公表する。

1 SDGsにおける食ビジネスの役割

SDGsにおいて重要な課題は、目標1の貧困や目標2の飢餓であり、人間が生きていくために不可欠な「食」を全ての人が安心して確保できることを大きな目標として位置づけられている。増加する世界人口と気候変動の影響による農水産物の被害により、食料生産を持続的に確保することは世界の重要な課題である。一方で、ノルウェーを拠点する非営利団体EATが報告書「Diet for a Better Future（よりよい未来のための食事）」で初めて食料消費によるCO_2排出量の比較を発表した。この報告書によると、20カ国のうち、国民1人当たりの食料消費によるCO_2排出量が、地球温暖化対策の国際的な枠組み「パリ協定」における気温上昇幅を1.5度に抑える目標を達成できるのは、インドとインドネシアだけであり、今後地球上の人々がブラジルやアメリカの食料消費パターンをとった場合、温暖化対策の目標を達成するためには地球が約5つ必要だとする報告がされた（Loken and DeClerck 2020）。

また、国連の気候変動に関する政府間パネル（IPCC：Intergovernmental Panel on Climate Change）は、温暖化が進めば、食料供給のリスクが高まり、2050年に穀物価格が最大23%上昇する恐れがあると指摘し、食料の生産から輸送、消費までの食料供給に伴って排出する温室効果ガスは、人の活動に伴って排出する量の21～37%を占めていること、さらに食料の25～30%は廃棄されており、この食品の廃棄に伴う温室効果ガス排出は全体の8～10%を占めていることを指摘した（IPCC 2020）。畜産は飼料の製造、輸送、食肉加工にエネルギーを使い、さらに家畜の排せつ物はメタンの排出源であることから、報告書では、肉よりも米やトウモロコシなどの穀物を多く取る食生活に変えること、食品ロスを減少させ、食品廃棄のための輸送や償却エネルギーを削減させることを提案している。

このように、食料生産から、流通、販売、廃棄までのフードシステムに

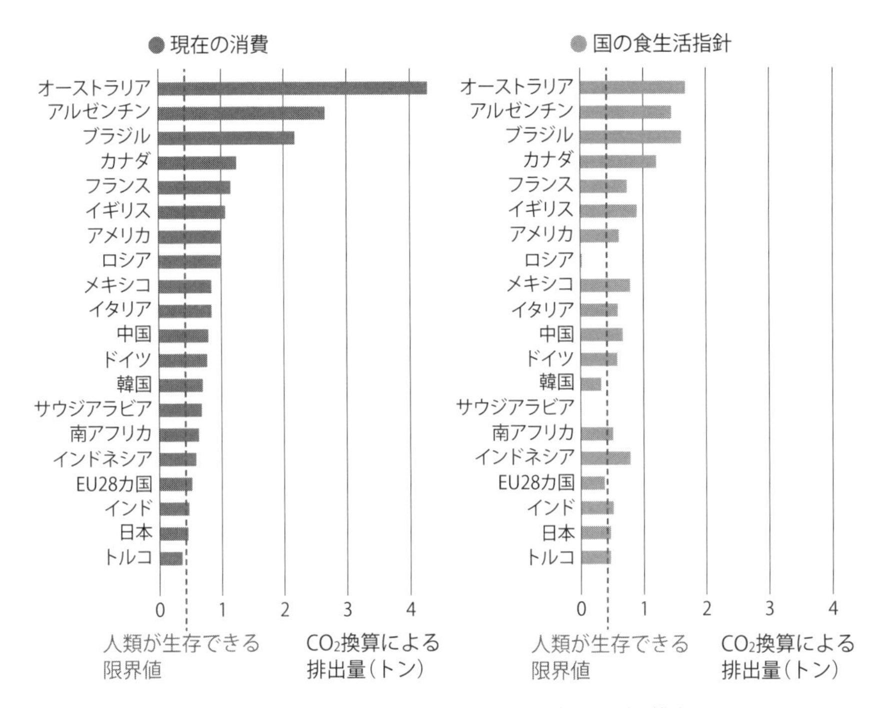

図 17-1　1人当たりの食料消費による温室効果ガス排出量

出所：EAT『Diets for a Better Future』より筆者翻訳して作成。

関わる全ての食ビジネスは、SDGs達成に大きな役割を担っている。

2 持続可能なビジネスに向けた環境マネジメントシステム規格

ビジネスを持続させるためには、適切なマネジメントシステムが重要である。マネジメントシステムは、方針及び目標を定め、その目標を達成するために組織を適切に指揮・管理するための仕組みづくりである。マネジメントシステムにおいて、特に環境保全や環境に配慮した運営を進めることを環境マネジメントシステム（EMS: Environmental Management System）という。環境マネジメントシステムには、国際規格のISO14001

や環境省が策定したエコアクション21がある。1992年に開催された環境と開発に関する国際会議（通称、地球サミット）以降、「持続可能な開発」の実現に向けた手法の１つとして、事業者の環境マネジメントに関する関心が高まったことから、国際標準化機構（ISO：International Organization for Standardization）は、環境マネジメントに関わるさまざまな規格として、ISO14000シリーズと呼ばれる環境マネジメントシステムの規格をつくった。ISO14000シリーズは、「環境マネジメントシステムの仕様」を定めているISO14001を中心として、環境監査、環境パフォーマンス評価、環境ラベル、ライフサイクルアセスメントなど、環境マネジメントを支援するさまざまな手法に関する規格から構成されている。ISO14001の基本的な構造は、PDCAサイクル（**図17-2**）と呼ばれ、（1）方針・計画（Plan）、（2）実施（Do）、（3）点検（Check）、（4）是正・見直し（Act）というプロセスを繰り返すことにより、環境マネジメントのレベルを継続的に改善していこうというものである。ISO14001のシステムを構築した場合、そのことを自ら宣言する（自己宣言）か、外部の機関に証明してもらう（第三者認証）方法がある。

日本の独自の環境マネジメントシステムとしては、エコアクション21がある（**図17-3**）。ISO14001と同様にPDCAサイクルを基本とし、この

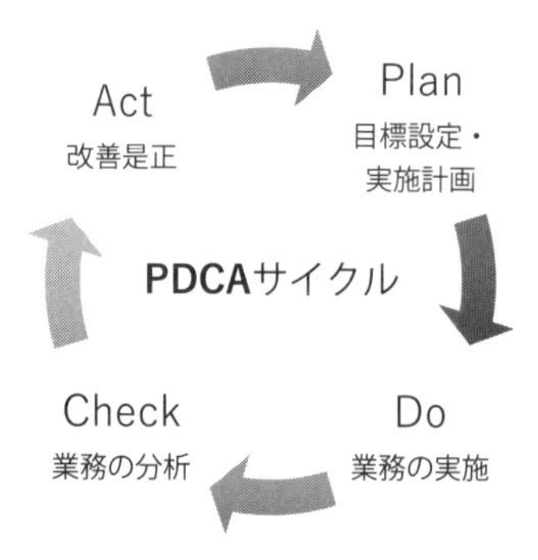

図17-2　PDCAサイクルの実施内容

図17-3　エコアクション21のロゴ

出所：一般財団法人持続性推進機構ウェブサイトより

結果を環境経営レポートとして作成・公表し、組織や事業者等が環境への取り組みを自主的に行うための方法を定めている。

3 企業のSDGsの取り組みを促進させる仕組みづくり

2006年に国連がPRI（Principles of Responsible Investment－責任投資原則）6原則をつくりESG投資〔環境（Environment）・社会（Social）・ガバナンス（Governance）〕の重要性が提唱されて以降、企業が地球の持続可能な開発に責任があることが認識された。そして2015年、SDGsが国連サミットで採択され、より具体的にSDGsにどう貢献するかを示すことが企業にとって重要になってきた。SDGsが採択された翌年、2016年に、GRI（Global Reporting Initiative）、国連グローバル・コンパクト（UNGC）、持続可能な開

図17-4　SDGsの企業行動指針

ステップ1　SDGsを理解する SDGsとは何か 企業がSDGsを利用する理論的根拠 企業の基本的責任
ステップ2　優先課題を決定する バリューチェーンをマッピングし、影響領域を特定する 指標を選択し、データを収集する 優先課題を決定する
ステップ3　目標を設定する 目標範囲を決定し、KPI（主要業績評価指標）を選択する ベースラインを設定し、目標タイプを選択する 意欲度を設定する SDGsへのコミットメントを公表する
ステップ4　経営へ統合する 持続可能な目標を企業に定着させる 全ての部門に持続可能性を組み込む パートナーシップに取り組む
ステップ5　報告とコミュニケーションを行う 効果的な報告とコミュニケーションを行う SDGs達成度についてコミュニケーションを行う

出所：GRI/UNGC/WBCSD『SDGsの企業行動指針（SDGs Compass）』

発のための世界経済人会議（WBCSD）の3団体が共同で企業向けのSDGsの導入指南書である「SDGsコンパス」（図17-4）を作成した。このSDGsコンパスでは、企業がいかにしてSDGsを経営戦略と統合し、SDGs達成への貢献を測定し、管理していくかについて検討し、持続可能な開発に関するパフォーマンスを報告することが指示されている。

このような指針が示され、さらにESG投資が進んでいくなかで、企業がSDGsに対応していく必要性が認識されつつある。環境や持続可能性に対応することは、企業の自助努力的であったのが、近年のSDGsの浸透とともに示されたSDGコンパスや、ESG投資の広がりなどの社会的背景により、企業経営の持続可能性においても不可欠であると認識され、企業によるSDGsへの取り組みが促進されている。

今後、より強固に企業のSDGsの取り組みを促進させるには、規制などの拘束力がある政策が必要である。食品を扱う業務においてHACCP認証が義務化されたり、東京オリンピック・パラリンピックで使う食材でGAP認証が条件になったり、ガソリン車の販売が禁止されたりといった、強制力のある政策が必要である。（吉積巳貴）

考えてみましょう

- 企業がSDGsに取り組む意義は何でしょうか？
- 事業者が環境マネジメントシステム規格を導入することで得られるメリットは何でしょうか？
- ESG投資において評価が高い企業には、どのような企業があるでしょうか？

引用文献

一般財団法人持続性推進機構　https://www.ea21.jp/

厚生労働省「HACCP（ハサップ）」https://www.mhlw.go.jp/stf/seisakunitsuite/bunya/kenkou_iryou/shokuhin/haccp/index.html

国連開発計画『人間開発報告書2020』http://hdr.undp.org/sites/default/files/hdr2020.pdf

Brent Loken and Fabrice DeClerck, Diets for a Better Future:Rebooting and Reimagining Healthy and Sustainable Food Systems in the G20, 2020. https://eatforum.org/content/uploads/2020/07/Diets-for-a-Better-Future_G20_National-Dietary-Guidelines.pdf

Global Gap, https://www.globalgap.org/uk_en/

GRI/UNGC/WBCSD『SDGsの企業行動指針（SDGs Compass）』2016. https://sdgcompass.org/wp-content/uploads/2016/04/SDG_Compass_Japanese.pdf

IPCC, Special Report Climate Change and Land, 2020. https://www.ipcc.ch/srccl/

さらに勉強したい人のための参考文献

川崎健次、植田和弘、高橋秀行、山本芳華『環境マネジメントとまちづくり――参加とコミュニティガバナンス』学芸出版社、2004年

國部克彦、伊坪徳宏、水口剛『環境経営・会計』有斐閣、2012年

水口剛『ESG投資 新しい資本主義のかたち』日本経済新聞出版、2017年

コラム8　日本と世界の森林管理課題の違い

アマゾン火災により、森林の適正管理の重要性が世界的にも注目されている。世界的に、森林の伐採により2000年から2010年までの10年間に年間1,300万ha、日本の国土の約34%もの森林が失われている。なかでも、世界的に最も森林減少が著しい国は、ブラジルである。ブラジルでは、1990年から2000年の間に–2,890ヘクタール、2000年から2010年の間に–2,642ヘクタール森林面積が消失している（FAO「世界森林資源評価2010」）。森林減少の原因は、プランテーションといった農地等への土地利用の転換、自然回復力に配慮しない非伝統的な焼畑農業、燃料用木材の過剰な採取、森林火災のほか、違法伐採等を防止できない不適切な森林管理などである。減少する森林対策として植林活動が進められており、気候変動対策とつなげ、新規植林を森林の CO_2 吸収量としてカウントするなどして、森林減少を食い止め、森林面積を増やす取り組みが進められている。

一方、日本では1964年の木材輸入の自由化以降、日本の木材輸入量が急増していくなかで、国内木材の供給量は減少している。それに伴い、国内の林業従事者は減少し、林業が主要産業であった中山間地域の集落が消滅している。このような背景のもと、日本では生業を通して森林を管理する昔ながらの体制がなくなり、高度成長期に植林されたスギやヒノキの森林が放置され、土砂崩れなどの自然災害を起こしている。このため、日本で、木材利用などを通して、切られずに放置される森林を適正な量に減らすかが大きな課題である。

このように、地域により森林管理における課題は大きく異なる。一概に植林すべき！森林を減らすべき！ということではなく、地域の課題は何であるかを考えた上での行動が重要である。（吉積巳貴）

File 18

サーキュラーエコノミー

有限な資源をつかってどのように持続するのか？

キーワード

パーム油

●

資源循環

●

サーキュラーエコノミー
（循環型経済）

●

シェアリングエコノミー

●

サブスクリプション
ビジネス

イントロダクション

世界人口は増加し、有限な資源は枯渇する可能性がある状況のもと、人類はどのように経済活動を続けていけるでしょうか？持続可能性の道筋はあるのでしょうか？

新しい持続可能な経済活動として、サーキュラーエコノミーが注目されています。サーキュラーエコノミーとはどのような経済活動なのか、本章で学びましょう。

用語解説

デカップリング（環境政策）

専門分野ごとに意味は異なるが、環境政策分野においては、経済成長と自然資源や環境負荷の影響を切り離すことを指す。今までの経済成長は、自然資源の利用や消費により支えられていたが、資源利用の効率化や資源の再利用や循環利用により、経済成長と環境負荷の影響増加を切り離すことを目指す。

1 食産業と地球の持続可能性における課題

世界人口は、今後も増加傾向であり、2030年には85億人に増加し、2050年には97億人に増加することが国連の世界人口推計2019年版で発表されている。また、2018年に発表されたOECDの報告書「2060年までの世界物質資源アウトルック（The Global Material Resource Outlook to 2060）」によると、世界の人口が急増して100億人に達し、1人当たりの所得平均も現在のOECD諸国の水準である4万米ドルに近づくため、世界全体の資源利用量は現在の90ギガトンから、2060年には167ギガトンにまで増加すると予測されている（図18-1）。

世界の森林は減少を続けており、1990年からは4億2,000万haの森林が失われているといわれ、この面積は日本全体の面積の約11倍にもなる。2015年から2020年までの間に森林の平均減少は1,000万haとなっている。特に森林の減少が著しいのは、南米、アフリカ、オーストラリア、インドネシアなどの熱帯雨林である。オーストラリアの減少は、2000年以降の深刻な干ばつや森林火災などが原因といわれているが、その他の国では農地への転用や薪の過剰採取などが原因である。熱帯雨林が消失する原因としては、森林から農耕地などへの転換、焼き畑、商業伐採などがある。世界で最も森林減少量が多いブラジルでは、穀物やコーヒー栽培による耕作地開発や畜産のための牧場開発が原因であることが指摘されている。

熱帯雨林の減少は遠い外国の話と思う人もいるが、日本との関係で最も影響があるのは、東南アジアの熱帯雨林である。東南アジアで進む熱帯雨林の減少の原因としては、パーム油の原料であるアブラヤシの生産拡大がある。パーム油は、世界で最も使用されている植物性の油である。マーガリンやパン生地、ポテトチップスやカップ麺、クッキーやアイスクリーム、シャンプーや石鹸・洗剤、そして化粧品など、スーパーマーケットやコンビニで買える食品や一般消費財に幅広く使われている。パーム油は原材料

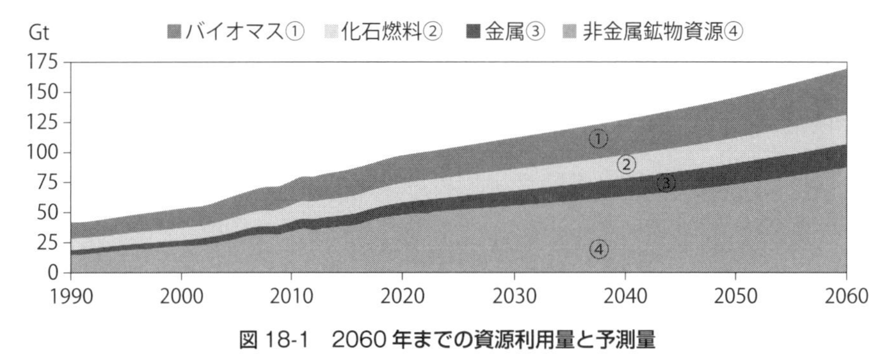

図 18-1　2060 年までの資源利用量と予測量

出所：OECD『2060 年までの世界物質資源アウトルック』より筆者翻訳

名に「パーム油」と明記されていないため、身近に感じてない場合も多いが、「植物油脂」「植物油」「マーガリン」「ショートニング」「乳化剤」「界面活性剤」として、さまざまな食品に用いられている。安全性が高く、生産効率が高いため安価で、汎用性があることから、世界中で幅広く利用されている（**巻頭図 5** 参照）。

このように人口増加や、食料生産を目的とした森林伐採の問題がある一方で、世界の食品廃棄量は、年間で 13 億トン、日本では 2,842 万トンにもなっている。この食品廃棄に、また貴重な資源を使って廃棄処理をしている。

さらに 2019 年の「世界の食料安全保障と栄養の現状」報告書によると、飢餓人口が 2017 年以降増加している一方で、過体重と肥満は全世界で増えており、大人の 8 人に 1 人は肥満の状態であることが報告されているなど、所得格差とともに、食に関する問題の格差が生じている。

資源の枯渇を促進させ、自然環境を悪化させるこのような食産業の構造を見直さなければ、地球の持続可能性が難しい状況である。

2 リニアエコノミーからサーキュラーエコノミーへの転換

現状のような、資源をただ利用し、廃棄するだけの一方通行の経済構造はリニアエコノミー（Linear Economy：線形型経済）といわれている。地球の持続可能性のためには、リニアエコノミーからサーキュラーエコノミー（Circular Economy：循環型経済）への転換が不可欠であることが指摘されている。サーキュラーエコノミーとは、従来の資源を採掘して、生産、消費し、廃棄するという直線型経済システムのなかで活用されることなく「廃棄」されていた製品や原材料などを新たな「資源」と捉え、廃棄物を出すことなく資源を循環させる経済の仕組みのことを指す。経済成長と環境負荷を分離（デカップリング）させ、持続可能な成長を実現するための新たな経済モデルとして注目され、EU（欧州連合）では2015年12月に「サーキュラーエコノミーパッケージ」が採択されるなど、経済成長政策の中心に据えられている。オランダは2050年までに100％サーキュラーエコノミーを実現するという目標を掲げている。従来の3R政策を物質、資源の循環による資源使用の極小化といった環境負荷の抑制を目的とする環境政策に対して、サーキュラーエコノミーでは、「物質・資源の循環」を通じて新たな経済性をもたらすいわゆるビジネスモデルの創出を促す産業政策として打ち出されたことが特徴といわれる。

OECDはサーキュラーエコノミーの5つのビジネスモデルとして、再生可能な原材料利用による調達コスト削減や安定調達の実現、廃棄予定の設備や製品の再利用による生産・廃棄コストの削減、修理やアップグレードや再販売による使用可能な製品を活用、所有物の共有による需要への対応を行うシェアリング・プラットフォームの構築、そして製品を所有せず利用に応じて料金を支払うビジネスモデルなどを示している。このような背景の中、利用していない場所や車などのシェアリングビジネスや服や車、また外食などのサブスクリプションビジネスが近年拡大している。また余

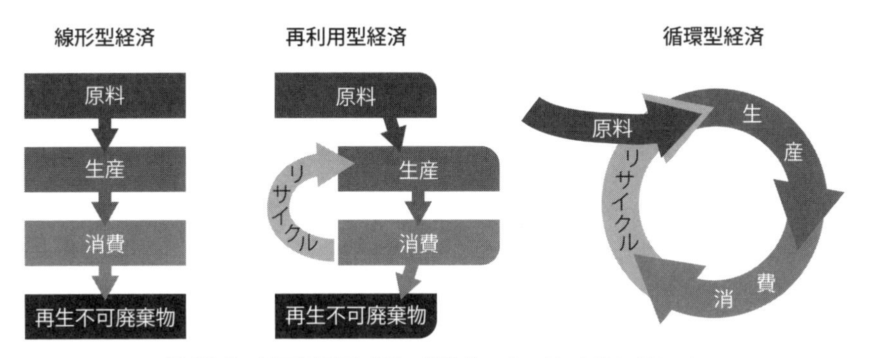

図 18-2　リニアエコノミーからサーキュラーエコノミーへ

出所：オランダ政府「From a linear to a circular economy」をもとに筆者が翻訳して作成。

剰農作物や、使用しなくなった物の情報を共有することで、無駄な廃棄を回避する仕組みも広がりつつある。

3 食のサーキュラーエコノミーの実現

前述したように、食料生産による環境負荷や気候変動問題への影響、そのためにより悪化する食料供給と食品廃棄が問題になっているなかで、フードシステムにおけるサーキュラーエコノミーの必要性が高まっている。サーキュラーエコノミー推進機関であるイギリスに拠点があるエレン・マッカーサー財団は、廃棄予定の食品、廃棄されている食品を他のモノに活用する仕組みを構築する、食のサーキュラーエコノミーを訴えている。サーキュラーエコノミーは、EU が進める「Green Deal」政策のなかで重要な柱として位置づけられており、なかでも食や農業のサーキュラーエコノミーを重視し、公平で健康な環境配慮型の食料システムを目指す「農場から食卓まで戦略（Farm to Fork Strategy）」を 2020 年に発表している。「農場から食卓まで戦略」は、農家・企業・消費者・自然環境が一体となり、共に持続可能な食料システムを構築する戦略として、持続可能な食料生産、持続可能な食品加工と食品流通、持続可能な食料消費、食品ロス発生抑止

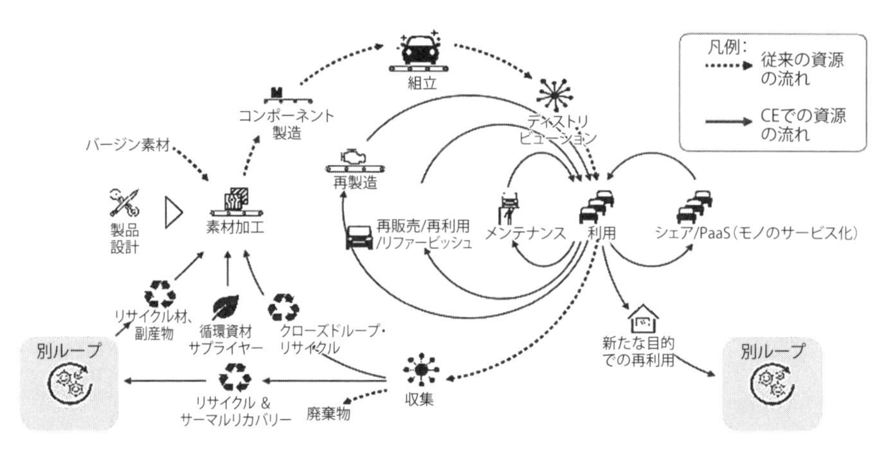

図 18-3　サーキュラーエコノミーの概念図

出所：経済産業省・環境省資料「サーキュラー・エコノミー及びプラスチック資源循環分野の取組について」

を目指している。具体的な数値目標として、2030年までに殺虫剤の使用を50%削減、2030年までに化学肥料の使用を少なくとも20%削減、2030年までに畜産と水耕栽培で用いられる抗菌剤の使用を50%削減、2030年までに農地の25%を有機農地に転換、が明記されている。その他、消費者への情報アクセスの強化を図るため、健康的で持続可能な食に関する情報を届ける環境を整えることや、商品ラベル表示の改善などを予定している。

エレン・マッカーサー財団によると、都市は地球上の自然資源の75%を消費し、世界のエネルギーの80%を消費していると指摘している。そのような状況から、「経済・文化・イノベーション」の中核地として都市部のメリットをうまく活用することができれば、食料システムの根本から変えることができる可能性があるとしている。食料システムを変え、自然再生型（土壌・農場の健康維持だけではなく、改善も目指す形）・循環型のものに変えることができれば、2050年までに約300兆円の経済的価値と健全な環境をもたらすと報告している（Ellen Macarthur Foundation）。（吉積巳貴）

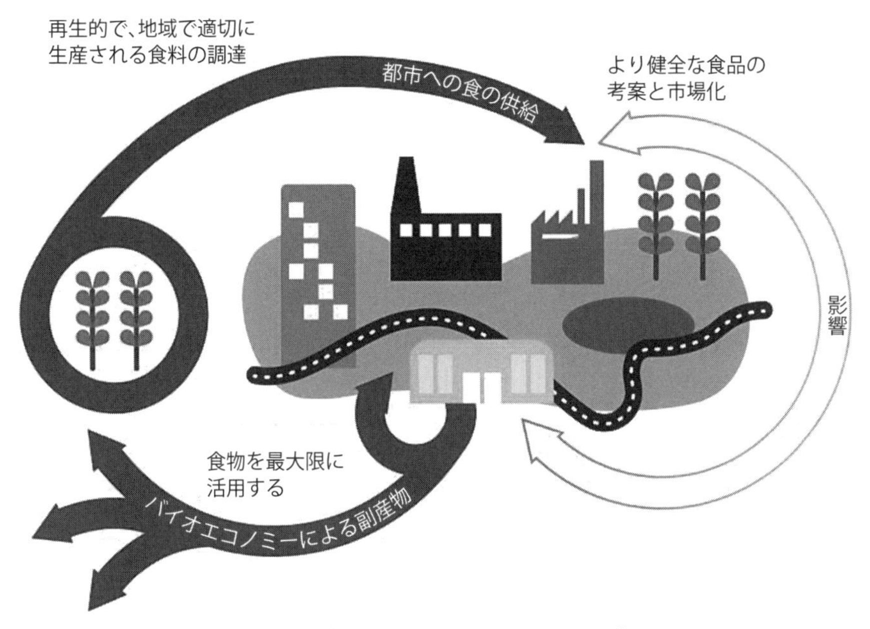

図 18-4　食のサーキュラーエコノミーモデル

出所：Ellen Macarthur Foundation "Food and the circular economy" をもとに筆者が翻訳して作成。

考えてみましょう

- 熱帯雨林の減少問題の原因にもなっているパーム油はどのような製品に使われているでしょうか？
- 身近なシェアリングエコノミー、サブスクリプションビジネスにどのようなものがあるでしょうか？
- 食品ロスを削減するために、どのような取り組みが必要でしょうか？

引用文献

アルン・スンドララジャン『シェアリングエコノミー』日経BP、2016年

一般社団法人日本植物油協会、https://www.oil.or.jp/kiso/seisan/seisan02_01.html

オランダ政府「From a linear to a circular economy」https://www.government.nl/topics/circular-economy/from-a-linear-to-a-circular-economy

経済産業省・環境省資料「サーキュラー・エコノミー及びプラスチック資源循環分野の取組について」、http://www.env.go.jp/recycle/mat02.pdf

Ellen Macarthur Foundation "Food and the circular economy"https://www.ellenmacarthurfoundation.org/explore/food-cities-the-circular-economy

OECD『2060年までの世界物質資源アウトルック（The Global Material Resource Outlook to 2060)』2018.https://read.oecd-ilibrary.org/environment/global-material-resources-outlook-to-2060_9789264307452-en#page124

さらに勉強したい人のための参考文献

ピーター・レイシー、ヤコブ・ルトクヴィスト『サーキュラー・エコノミー デジタル時代の成長戦略』日本経済新聞出版、2019年

アルン・スンドララジャン『シェアリングエコノミー』日経BP、2016年

小林富雄『食品ロスの経済学』農林統計出版、2020年

File 19

環境クズネッツ曲線

開発・成長と環境は両立するか？

キーワード

経済成長

●

環境劣化

●

環境クズネッツ曲線

イントロダクション

開発や経済成長によって環境が劣化したケースを目の当たりにすると、環境と開発・成長は両立しないと思いがちですが、本当にそうでしょうか？貧困であるがゆえに、劣悪な環境や衛生状態の下で暮らさざるをえず、これが貧困を招く悪循環をどのように考えたらいいでしょうか？一方、技術の進展や制度の整備によって成長がもたらされ、これによって環境・衛生状態も改善する好循環はどのように生まれるのでしょうか？

本章では、環境クズネッツ曲線という概念を使ってこのような問題に迫ります。

用語解説

環境クズネッツ曲線

所得水準（横軸）と所得格差（ジニ係数）（縦軸）の関係が逆U字型曲線を描くことを示すクズネッツ曲線を環境分野に応用した仮説。縦軸の所得格差を環境汚染度に替えて同様の関係を描くと、二酸化硫黄や二酸化窒素といった大気汚染物質濃度では逆U字型曲線となることが知られている。

1 環境と開発・成長の関係～日本の経験

環境と経済との関係は多様であり、着目する環境指標によって様相は異なる。また、環境面からは保全の範囲・程度や政策手法、経済面からは経済指標、注目する産業・業種・企業によって大きく異なるものと考えられる。そこで本章では、環境負荷としてエネルギー消費・燃焼に起因するCO_2や大気汚染物質の排出および廃棄物の排出を対象とし、経済成長面では国内総生産等をマクロ指標として用いながら両者の関係を解説する。

日本の高度経済成長の時代には、環境保全と経済成長の間にはトレードオフの関係がある、あるいは経済成長すれば不可避的に環境負荷が増大するという認識が一般的な理解であった。また、近年でも地球温暖化対策と経済成長は相反する関係にあるとの認識が根強く存在する。

そこで本節では、日本の過去45年間の経済成長とエネルギー消費、二酸化炭素排出量およびごみ排出量の推移をみながら、経済成長と環境負荷の関係を再検討する。

図19-1は1971年～2014年の日本の国内総生産（GDP）（実質値、2011年価格）、最終エネルギー消費、エネルギー起因CO_2排出量、ごみ総排出量の時系列変化を示したものである。国内総生産（実線）、エネルギー消費（破線）、ごみ総排出量（灰色）は左軸で、CO_2排出量（一点鎖線）とは右軸で値を読み取っていただきたい。

国内総生産はおおよそ、1990年頃までの一貫した高成長、90年代から2007年までの低成長、そして2008年のリーマンショックとその後の回復という推移を辿っていることがわかる。

これに対してエネルギー消費の推移をみると、国内総生産の伸びに追随して増加する時期だけではなく、エネルギー消費は横ばいか低減傾向でありながら経済が成長している時期が二期間（1974年～1985年と1998年～2014年）あることに注目したい。前者は二度の石油危機に伴う石油価格高

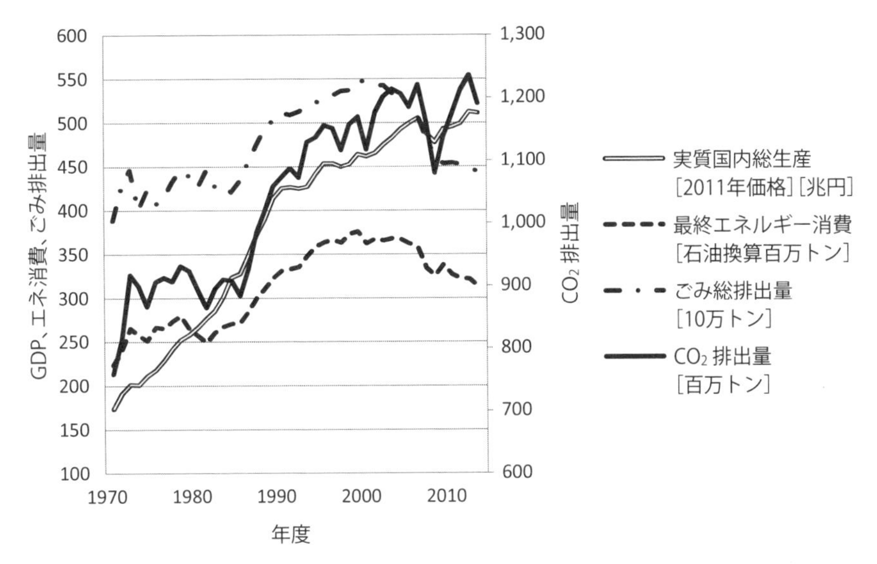

図 19-1　日本の国内総生産、エネルギー消費、二酸化炭素排出量、ごみ排出量の推移（1971 ～ 2014 年度）

出所：実質国内総生産、最終エネルギー消費およびエネルギー起因 CO_2 排出量は EDMC データベース（日本エネルギー経済研究所）より、ごみ総排出量は環境統計集（環境省）より時系列データを入手し筆者作成。

騰の影響であることはいうまでもないが、後者は京都議定書の採択を契機とした地球温暖化･省エネルギー対策の本格化の時期とみることができる。

また、エネルギー起因 CO_2 排出量もエネルギー消費と同様の推移を辿っているが、1990 年代後半から 2000 年代にはエネルギー消費のように安定化から低減に転ずることはなく、リーマンショック期を除くと CO_2 排出量は漸増傾向にあることに留意が必要である。2011 年の東日本大震災以降の原子力発電所の運転停止による発電における化石燃料シェアの増大の影響が大きいことはいうまでもないが、再生可能エネルギー導入促進はまだ顕著な効果をもたらしていない。

一方、ごみ総排出量は最終エネルギー消費とほぼ同様の時系列変化を示していることは興味深い。とくに 2000 年以降に大きくごみ減量化が進んでおり、循環型社会形成に向けた3R政策が功を奏しているといえよう。

2 世界の成長・開発と環境（CO_2排出量）の関係

前節では日本の経済成長と環境負荷の関係を時系列データ用いながら検証したが、これを国際的にみるとどのような関係が見いだされるだろうか。

巻頭図6は世界31カ国を対象として、横軸に1人当たり国民総所得(GNI)（米ドル／人）を、縦軸に1人当たりCO_2排出量［t-CO_2/人］をとり、これら経済・環境指標の関係を図示したものである（いずれの指標も1972年～2014年の時系列データを国ごとにプロットした）。

一般的に、所得水準があがるにしたがって環境汚染がいったんは進行し、ある所得水準を超えると汚染レベルが改善するような関係を環境クズネッツ曲線が当てはまるという。

1人当たりのCO_2排出量は、年間所得水準がおおむね2万ドル／人までは所得向上につれて排出量が増加する傾向にあるが、それを超える所得水準では横這い傾向になる。

巻頭図6に示された関係を先進国と開発途上国に分けて描写したのが**巻頭図7**（先進国）と**巻頭図8**（途上国）である。

まず**巻頭図7**の先進国をみると、所得水準が継続的に向上する一方で、1人当たりCO_2排出量が横ばいか漸減する国があり、おおよそ5［t-CO_2/人］に収斂しつつあるのはスイス、フランス、スウェーデン、デンマークである。また、おおよそ10［t-CO_2/人］のレベルに収斂しているのは、ノルウェー、フィンランド、オランダ、日本、シンガポールである。

米国、オーストラリア、カナダは経済成長とともにおおよそ20［t-CO_2/人］という高いレベルで推移していたが、近年15［t-CO_2/人］のレベルに低減してきた。

なお、産油国であるサウジアラビアや高い所得レベルながらも京都議定書では先進国並みの排出削減を義務付けられなかった韓国では1人当たりの二酸化炭素排出量が急上昇したままであることにも留意を要する。

つぎに**巻頭図8**の開発途上国における所得水準と二酸化炭素排出量の関係に目を転ずる。

アルゼンチン、ブラジル、メキシコ、トルコ、タイ、インドネシアの6カ国は所得水準が継続的に向上しながら、二酸化炭素排出量は2～4[t-CO_2/人]のレベルで漸増傾向にある。

マレーシアと中国は所得水準の向上とともに、二酸化炭素排出量が急激に増加しており8[t-CO_2/人]というレベルに到達している。また、アフリカ諸国のなかで所得レベルが比較的高い南アフリカでは約10[t-CO_2/人]に近づいているが、南アフリカを追って成長を目指すケニヤやナイジェリアでは現段階で1[t-CO_2/人]に達していない。

3 今後の論点

経済成長と環境負荷に関する日本の過去45年の経験をまとめると、経済成長すれば自動的に環境負荷も増大するという関係にはなく、エネルギー財等の価格や環境政策次第では両者をデカップリングすることが可能であることが示されている。なお、エネルギー財の価格と需要の関係については、コラム9にて詳しく解説する。

世界各国の所得水準と二酸化炭素排出量の関係をみると、一定の経済水準を達すると横ばいに転ずる傾向がみられる。所得水準があがれば自動的に上昇傾向がおさまるとみるべきではなく、経済成長に技術の進展、制度の整備、環境意識の向上が伴う必要があると考えられる。

一方、現在、年間所得水準が1万ドル/人以下の開発途上国が今後どのような発展パターンをとるのかが今後の気候変動にとって非常に重要な課題であり、国際社会が連携した取り組みが不可欠である。（島田幸司）

考えてみましょう

- **巻頭図 7**、**巻頭図 8** から所得水準を向上させながら 1 人当たりの二酸化炭素排出量を安定化から逓減に導いている国はどこでしょうか。また、成長に伴い二酸化炭素排出量が急上昇したり高位にとどまっている国はどこでしょうか。これらの国の間にはどのような違いがあるでしょうか。
- 成長と環境の関係をデカップリングするには、どのような政策や条件整備が必要でしょうか。

さらに勉強したい人のための参考文献

OECD, 第3次OECDレポート「日本の環境政策」中央法規、2011年

イェニケ・ヴァイトナー『成功した環境政策』有斐閣、1998年

世界銀行World Development Indicator（WDI）、世界資源研究所（WRI）データベースといった統計データ

本章は『環境政策入門』（武庫川女子大学出版部、2012年）の第12章「環境と経済」の一部を大幅に加筆更新したものである。

コラム9　ガソリン需要と価格の関係

第1節では2度の石油危機が起きた期間中、一定の経済成長を維持しながらも環境負荷が横ばいであったことに触れた。これはおもにエネルギー財の価格高騰がもたらした効果といわれている。そこで本コラムではガソリン（揮発油）を例に、財の価格と需要の関係を検証する。

図は1965年～2009年のガソリン卸売価格（円/L）とガソリン車1台当たりの燃料消費量（KL/台年）を示している（ここではデータ利用可能性の関係で卸売価格を用いたが、これに一定の揮発油税等が上乗せされた額が小売価格となる）。

ガソリン卸売価格（実線）は石油危機時に2回の急騰をみた後、1980年代後半から1990年代には下落し続けた。2000年代に入るとガソリン価格は再び上昇局面に入り、2008年の資源価格高騰時には1980年代前半のピーク価格に近い高騰をみせた。

一方、1台当たりのガソリン消費量（点線）は1980年代後半まで一貫して低減を続けた後、1990年代前半には増加・横ばいに転じ、2000年代に入ると再び減少し続けている。

この2つの時系列曲線を併せてみると、ガソリン需要に対する価格効果が明確である。すなわち、1970年代後半から1980年代前半の石油危機時に1台当たりガソリン需要が低減したのち、1990年代のガソリン価格下落とともに需要は上昇局面に入り、2000年代のガソリン価格上昇とともに1台当たり需要は再び低減に転じているのである。

1台当たりのガソリン消費量は、自動車自体のエネルギー消費効率（燃費）および運転者の消費行動に依存しており、本コラムでみているガソリン需要の変動はこれら要因の総合効果とみることができる。ガソリン価格高騰が自動車の燃費向上と運転者の節約行動のどちらにより大きく影響しているかは別途検討すべきであろうが、エネルギー財の価格が機器効率と消費者行動に影響していることは間違いない。税・課徴金といった経済的手段の環境負荷削減に対する有効性がこの例からも類推できよう。（島田幸司）

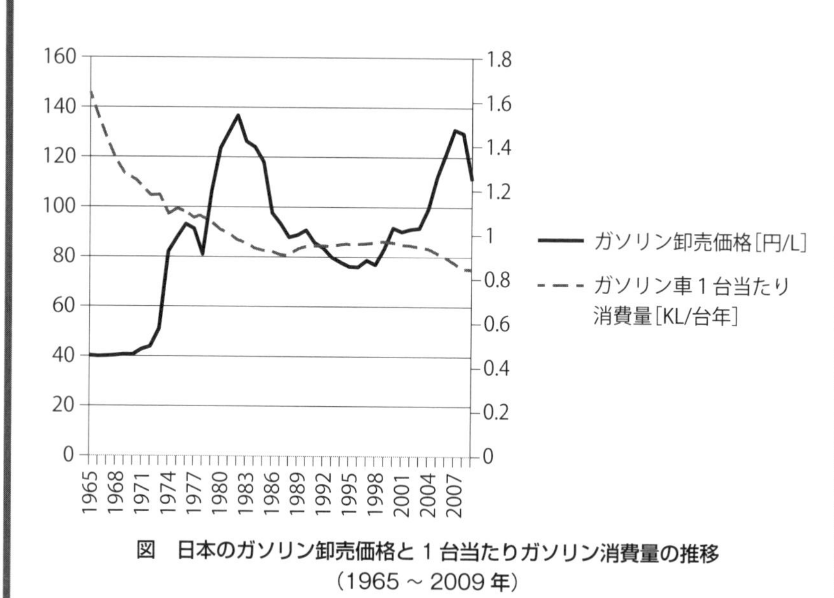

図　日本のガソリン卸売価格と1台当たりガソリン消費量の推移
（1965～2009年）

出所：ガソリン消費量、ガソリン卸売価格および自動車保有台数はEDMCデータベース（日本エネルギー経済研究所）より時系列データを入手し筆者が作成した。

File 20

ポーター仮説

政府の環境規制や企業の環境対策は経済パフォーマンスの足枷となるか？

キーワード

ポーター仮説

●

環境規制

●

環境対策

●

経済パフォーマンス

イントロダクション

企業の環境対策は何ら生産物を産出せず、生産にあてられる資源を環境対策にとられるという見方をされるのが一般的です。このような文脈では、環境対策は企業の業績に悪影響を与えることになりますが本当でしょうか？企業の環境対策は、上流部（生産財の調達、生産プロセス）から下流部（エンドオブパイプ、製品使用段階）まで多岐に及びますが、どのような対策が経済パフォーマンスともwin-winの関係になるでしょうか？

本章では、ポーター仮説という考え方も使いながら、企業の環境対策について考察します。

用語解説

ポーター仮説

米国の経営学者ポーターが1990年代に初頭に提唱した仮説。適切に設計された環境規制は、費用節減・品質向上につながる技術革新を刺激し、その結果、他国に先駆けて環境規制を導入した国の企業は国際市場において他国企業に対して競争優位を得るというもの。

1 環境規制に対する企業の対応

一般論として環境規制の実施が決定された際に、企業がとりうる対応を模式化したのが図 20-1 である。

まず、規制に適応して現在の事業場の立地や生産プロセスの基本を維持すると決めた場合には、将来を見越してさらなる対応（R&D、製造工程見直し等）にまで踏み込むかどうかという判断を迫られる。これに着手する企業（規制先取り型企業）は、環境競争力をつけて成長するポテンシャルを獲得するが、当然、過大投資のリスクも抱え込むことになる。一方、そこまでは踏み込まずリアクティブに環境規制に適応しようとする企業（規制適応型企業）は短期的な視点から最低限の対応を行うことになるが、規制先取り型企業に比べて環境技術力で劣ってしまう可能性もある。

他方、規制を遵守することが技術的・経済的に厳しい場合には、当該規制の効力が及ばない地域での生産や規制対象外の製品の生産に移行せざる

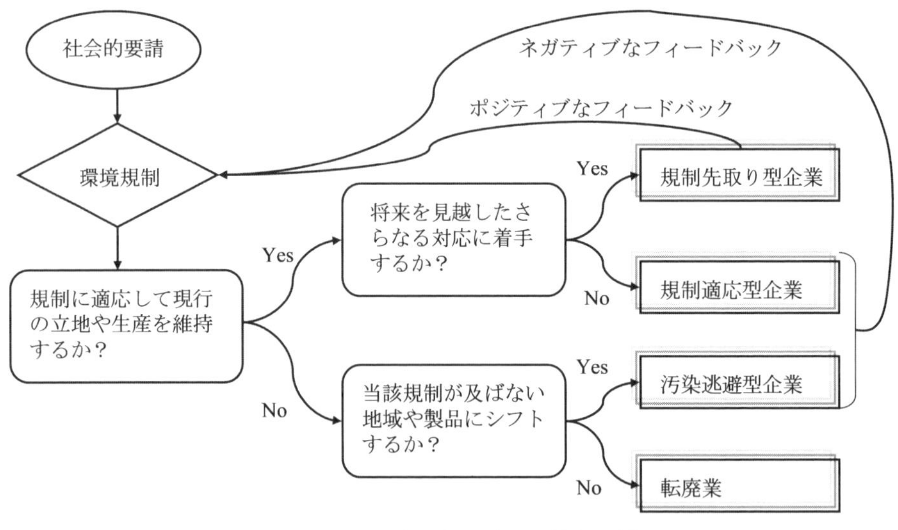

図 20-1　環境規制に対する企業の対応の分類

出所：筆者作成。

を得ない企業（汚染逃避型企業）の出現も考えられる。さらには、このような立地や製品のシフトによる対応も難しく、転廃業に追い込まれるケースもありえよう。汚染逃避型企業は、当面は逃避先において現状の技術レベルや環境対策でも生き延びることができるが、規制対象の拡大（都市部から郊外部、先進国から途上国、未規制製品の対象化など）に備えて準備をしておかなければ、逃避を繰り返すという状況に追い込まれることになりかねない。

さらに、企業から規制当局へのフィードバックの方向性を考えてみると、規制先取り型企業としては自らの環境技術のレベルや研究開発の進捗を情報提供しながら、規制当局にポジティブに働きかけ、自社に有利なように規制内容やタイミングを誘導する方向が考えられる。このような例としてよく取りあげられるのが、オゾン層保護のためのフロン生産規制に対するアメリカ・デュポン社の前向きな働きかけであるが、日本の企業が環境規制を働きかけた結果、競争優位に立った例を筆者は寡聞にして知らない。規制先取り型企業ではあっても、表面上は沈黙あるいはネガティブに反応し、実は次の規制に対して準備が整っているケースも多いのではないかと推察する。

一方、規制適応型企業や汚染逃避型企業は、一般的には規制強化反対のロビー活動を展開することになるが、今日、規制内容の実質的検討の場は公開の審議会・委員会となってきており、公の場でのネガティブな対応は社会からの企業評価の観点から好ましくないという側面もでてこよう。また、かりに規制当局がいわゆるトップランナー方式の規制方針をとり、規制先取り型企業がポジティブなフィードバックを行う場合には、企業間の環境技術レベルの格差が広がる可能性が高い点にも留意が必要であろう。

以上、環境規制に対する企業の対応の類型を概念的に整理したが、規制に対する企業の対応はさまざまであり、そのパフォーマンスに及ぼす影響についても対応の仕方次第で異なってくると考えられる。以下、環境規制による企業や生産活動の変化に関する仮説を解説する。

2 ポーター仮説が提起した問題意識と論争

ポーター仮説とその妥当性をめぐる論争

米国の経営学者マイケル・ポーターは、環境規制が企業のパフォーマンスを低下させるという通説に対して次のような反論を提起した（Porter 1991, Porter and Linde 1995）。すなわち、「適切に設計された環境規制は、費用節減・品質向上につながる技術革新を刺激し、その結果、他国に先駆けて環境規制を導入した国の企業は国際市場において他国企業に対して競争優位を得る」というもので、後にこの主張は「ポーター仮説」として定着するようになる。

日本においてポーター仮説が当てはまる例としてよく紹介されるのは、1970年代の自動車排出ガス規制強化が結果的には日本の自動車メーカーのパフォーマンスを高めたというサクセスストーリーである。多くのメーカーは、当初、規制に対して否定的な態度を示していたが、技術開発で先行していた一部メーカーの動きも引き金となり、排出ガス処理技術の開発競争を行うに至った。結果として、日本の自動車メーカーは世界一厳しい排出基準の達成に加え、燃費改善にも成功し、これが日本製の乗用車の国際競争力を大幅に改善させたのである。

このように環境規制がパフォーマンスを向上させる要因として、伊藤（2003）は、「意思決定の際に企業は常に最適な選択を行っているとは限らないため、適切にデザインされた環境規制の導入によって、何らかの原因で看過されている潜在的な技術革新の機会が顕在化する」というようにポーターの主張を集約している。

しかし、このような主張に対して、とくに新古典派経済学者は批判的であった。「環境規制を強化することで利益を増大させることが可能であるなら、合理的な企業が構造的にそのような機会を見逃すわけがない」というのが彼らの批判の根拠であり、以降、学術誌等において理論・実証の双方から賛否両論が発表されている。

ポーター仮説に関する実証研究の成果

ポーターによって提起された「適切な環境規制は当該規制を受けた企業のパフォーマンスを増す」という仮説を実証することは、実は容易ではない。それは、環境規制とそれに伴う企業の環境パフォーマンスの向上との関係を明らかにし、さらに環境パフォーマンスと競争力の指標となる経済パフォーマンスの関係を明らかにするための理論が必ずしも十分に確立しておらず、また実証のためのデータも限られているからである。

このような状況下でポーター仮説に関する実証研究が積み重ねられてきた。多くの実証研究が欧米や日本の数百社の企業を対象に環境パフォーマンスと経済パフォーマンスに関する複数年のデータから重回帰分析を行い、その関係を明らかにしようとしている。環境パフォーマンスをはかるための指標は、汚染物質や廃棄物の排出量、汚染物質処理量やリサイクル量、それらと生産量・出荷額等との比、環境格付けや環境法令違反件数、汚染防止のための投資額など多岐に及ぶ。また、経済パフォーマンスの指標としては、株式価値、財務データ（各種利益率）などが使われている。

多くの実証研究において、環境パフォーマンスが経済パフォーマンスに対して統計的に有意に正の関係を示しており、このうちいくつかの研究では環境パフォーマンスの向上から１～３年程度のタイムラグをおいて経済パフォーマンスが高まっていることを示しており興味深い（島田 2007）。また、OECD による大規模な国際調査・分析（4,144 事業所を対象）が実施され、①環境負荷を減らしている企業群のほうが経済パフォーマンスがよいこと、②環境パフォーマンスは、規制の厳しさ、対策による経費節減動機、本社方針の影響度および環境担当部署の有無の影響を大きく受けること、を明確にした（OECD 2007）。

3 今後求められる政策や行動

「適切に設計された環境規制は、費用節減・品質向上につながる技術革新を刺激し、その結果、他国に先駆けて環境規制を導入した国の企業は国際市場において他国企業に対して競争優位を得る」というポーター仮説は、多くの実証研究で支持されているものの、なお環境規制に対する抵抗は一部の国や業界では根深い。

今後、国内外での具体的な成功事例を集積・開示することにより、このような抵抗感を軽減するとともに、むしろ時代の潮流を先読みして、環境対策や環境技術・製品を前倒しで開発・導入することにより、グローバルな経済環境での競争優位を獲得・維持する重要性を指摘しておきたい。（島田幸司）

考えてみましょう

- 日本において「ポーター仮説」が当てはまる事例をあげて、その企業がどのように経済と環境を両立させたのか考察してください。
- 「ポーター仮説」はどのような業種で当てはまりやすいか、考えてみましょう。

引用文献

M. Hamamoto "Environmental Regulation and the Productivity of Japanese Manufacturing Industries", *Resource and Energy Economics*, 28（4）, pp. 299-312（2006）

A. King and M. Lenox "Exploring the Locus of Profitable Pollution Reduction", *Management Science*, 48（2）, pp. 289-299（2002）

M. E. Porter "America's Green Strategy", *Scientific American*, 264, pp. 168（1991）

M. E. Porter and C.v.d. Linde "Toward a New Conception of the Environment-Competitiveness Relationship", *Journal of Economics Perspectives*, 9（4）, pp. 97-118（1995）

M. Wagner, N.V. Phu, T. Azomahou and W. Wehrmeyer "The Relation between the Environmental and Economic Performance of Firms: An Empirical Analysis of the European Paper Industry", *Corporate Social Responsibility and Environmental Management*, 9, pp. 133-146 (2002)

OECD "Environmental Policy and Corporate Behavior," Edward Elgar (2007)

伊藤康「環境政策と技術革新（第８章)」『新しい環境経済政策』東洋経済新報社、pp. 252-282、(2003年)

島田幸司「環境規制が企業パフォーマンスに与える影響――近年の実証研究のレビュー」『立命館経済学』第55巻 第5・6号、pp. 44-51、(2007年)

本章は『環境政策入門』（武庫川女子大学出版部、2012年）の第12章「環境と経済」の一部を改変したものである。

コラム10　ポーター仮説に関する実証研究の到達点

多くの実証研究が欧米や日本の数百社の企業を対象に環境パフォーマンスと経済パフォーマンスに関する複数年のデータから回帰分析を行い、その関係を明らかにしようとしている。環境パフォーマンスをはかるための指標は、汚染物質や廃棄物の排出量、汚染物質処理量やリサイクル量、それらと生産量・出荷額等との比、環境格付けや環境法令違反件数、汚染防止のための投資額など多岐に及ぶ。また、経済パフォーマンスの指標としては、株式価値、財務データ（各種利益率など）、トービンのqなどが使われている。

多くの実証研究において、環境パフォーマンスが経済パフォーマンスに対して統計的に有意に正の関係を示しており、このうちいくつかの研究では環境パフォーマンスの向上から1～3年程度のタイムラグをおいて経済パフォーマンスが高まっていることを示しており興味深い。また、King and Lenox(2002)は、廃棄物発生の未然防止は経済パフォーマンスに正の影響を与えたものの、発生した廃棄物の処理（末端処理的対応）はそのような影響を与えなかったと結論づけており、クリーナープロダクションを通じた生産プロセスの効率化が経済性を高めていることを示唆している。その一方で、両者が有意に負の関係を示した研究が2例報告されていることも忘れてはならない。

環境パフォーマンスと経済パフォーマンスの関係は概念的には図のように示すことができる。図中(a)対立型は負の関係、(b)協調型は正の関係に対応しているが、(c)逆U字型では対立型と協調型が合わさっており、環境パフォーマンス（ひいては環境規制）のレベルによって経済パフォーマンスとの関係が異なってくるので、このようなケースも想定しながら統計的分析・解釈を進める必要がある。

なお、これらの研究において環境規制と環境パフォーマンスの関係については必ずしも明示的に扱っていないものが多く、環境パフォーマンスの向上がはたして環境規制によるものなのか、あるいは自主的取り組みによるものなのかが判然としない点は、今後の「ポーター仮説」実証研究の課題となろう。

このようななか、Hamamoto(2006)は、日本の重厚長大型産業を対象に研究を行った結果、硫黄酸化物排出規制による汚染防止のための支出は研究開発投資と正の関係にあることを見出し、さらに規制という刺激による研究

開発投資の増加が全要素生産性の成長に有意に正の影響を与えているという一連の関係を示しており、注目に値する。（島田幸司）

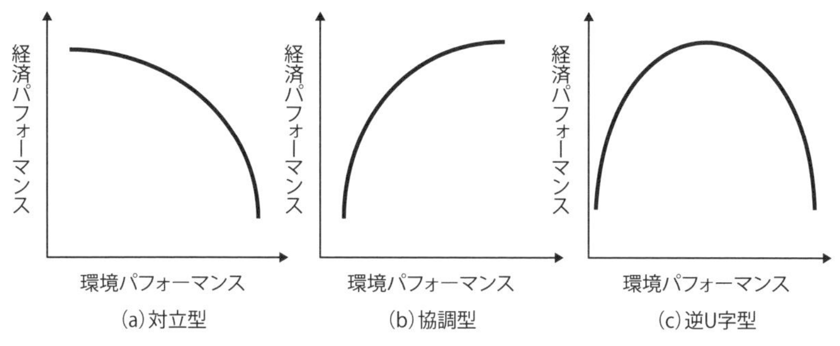

図　環境パフォーマンスと経済パフォーマンスの関係

出所：Wagner ら（2002）をもとに筆者作成。

さくいん

さ行

た行

な行

は行

ま行

や行

ら行

わ行

執筆者紹介

吉積巳貴　Yoshizumi Miki

はじめに , File 12, File 13, File 14, File 16, File 17, File 18, コラム 7, コラム 8

専門は、環境まちづくり。地球環境学博士。国連地域開発センター防災計画兵庫事務所リサーチアシスタント、京都大学大学院地球環境学堂助教、京都大学学際融合教育研究推進センター森里海連環学教育ユニット特定准教授、立命館大学食マネジメント学部准教授を経て、2019 年 4 月より立命館大学食マネジメント学部教授。主な業績 : "Multi-stakeholder community education through environmental learning programmes in Nishinomiya"（Educating for Sustainability in Japan, Chapter 10, Routledge)、「持続可能な地域づくりのための住民主体型環境まちづくりに関する一考察 - 西宮エココミュニティ事業を事例に」（都市計画論文集 48（3）,831-836）など。

島田幸司　Shimada Koji

序章, File7, File8, File9, File19, File20. コラム 4, コラム 5, コラム 9, コラム 10

専門は環境・エネルギーの経済分析。博士（工学）。環境省等を経て 2003 年 4 月より立命館大学経済学部教授。主な業績 : "Low or No subsidy? Proposing a regional power grid based wind power feed-in tariff benchmark price mechanism in China", *Energy Policy*, 146, 111758. (2020), "The effects of multiple climate change responses on economic performance of rice farms: Evidence from the Mekong Delta of Vietnam", *Journal of Cleaner Production*, 315, 128129（2021）など

天野耕二　Amano, Koji

File1, File4, File5, File6, File15, コラム 1, コラム 2, コラム 3

専門は環境システム分析。工学博士。国立環境研究所研究員、立命館大学理工学部助教授、立命館大学理工学部教授を経て、2018 年 4 月より立命館大学食マネジメント学部教授。主な業績 :『環境システム－その理念と基礎手法』（共著、共立出版、1998 年)、『環境工学公式・モデル・数値集』（共著、土木学会、2004 年)、資源作物の燃料材代替による発展途上地域の二酸化炭素排出削減ポテンシャルの評価（共著、環境科学会誌、2008 年)、食料消費に関わる世界の淡水資源需給バランスに対する国際貿易の影響評価（共著、日本 LCA 学会誌、2018 年）など。

吉川直樹　Yoshikawa, Naoki

File2, File3, File10, File11, コラム 6

専門は環境システム工学、ライフサイクルアセスメント。博士（工学)。立命館大学理工学部助手、立命館大学理工学部特任助教、立命館大学理工学部講師を経て、2022 年 4 月より滋賀県立大学環境科学部講師。主な業績 : Greenhouse gases reduction potential through consumer's behavioral changes in terms of food-related product selection, Applied Energy（2016 年)、Life cycle environmental and economic impact of a food waste recycling-farming system: A case study of organic vegetable farming in Japan, The International Journal of Life Cycle Assessment（2021 年）など。

シリーズ食を学ぶ

SDGs時代の食・環境問題入門

2021年10月20日　初版第1刷発行
2024年10月10日　初版第3刷発行

著　者　吉積巳貴
　　　　島田幸司
　　　　天野耕二
　　　　吉川直樹

発行者　杉田啓三
〒607-8494　京都市山科区日ノ岡堤谷町3-1
発行所　株式会社　昭和堂
TEL (075) 502-7500/FAX (075) 502-7501

印刷　モリモト印刷

ISBN978-4-8122-2103-7

＊落丁本・乱丁本はお取り替えいたします

Printed in Japan